LE MARAICHER

DU LITTORAL
DE LA MÉDITERRANÉE

PAR

RIMBAUD BENJAMIN

Jardinier et Membre du Comice Agricole de Toulon.

CONSEILS PRATIQUES DE JARDINAGE
SPÉCIALEMENT POUR LES PRIMEURS ET LÉGUMES QU'ON PEUT CULTIVER
DANS LES JARDINS
ET À LA CAMPAGNE OÙ IL N'Y A PAS DE MOYENS D'IRRIGATION.

EN VENTE
CHEZ TOUS LES LIBRAIRES
ET CHEZ L'AUTEUR.

LE

MARAICHER

LE

MARAICHER

DU LITTORAL

DE LA MÉDITERRANÉE

PAR

RIMBAUD BENJAMIN

Jardinier et Membre du Comice Agricole de Toulon.

OUVRAGE PRATIQUE DE JARDINAGE
SPÉCIALEMENT POUR LES PRIMEURS ET LÉGUMES QU'ON PEUT CULTIVER
DANS LES JARDINS
ET A LA CAMPAGNE OU IL N'Y A PAS DE MOYENS D'IRRIGATION.

TOULON

IMPRIMERIE D'E. AUREL, RUE DE L'ARSENAL, 13.

1866.

PRÉFACE.

En 1835, époque du premier choléra, la ville de Toulon avait été abandonnée par la majeure partie des habitants, qui s'étaient réfugiés dans les villages voisins.

Les fruits et les légumes étant considérés comme susceptibles de provoquer le choléra, avaient été délaissés, de sorte que tout pourrissait dans les jardins. La pomme de terre n'avait aucune valeur. Au mois de septembre je me trouvai un jour à une campagne située au quartier de *Pied-d'Ardent*, entre Ollioules et la Seyne, lorsque je vis un cultivateur qui semait des pommes de terre ; il les mettait si près les unes des autres, qu'en temps ordinaire, c'est-à-dire au mois de mars, avec la même quantité de tubercules, il aurait rempli un terrain quatre fois plus grand. Quoique je n'eusse que 17 ans et qu'à cette époque je ne me préocupasse que très peu de la culture, je voulus me rendre compte du but qu'il se proposait. Je l'interrogeai, et il me répondit : J'ai encore presque toutes les pommes de terre de l'année, elles valent *deux francs* les quarante kilogrammes, je vais en mettre une grande partie en terre. Au mois de janvier, j'aurai la même quantité, avec la différence que ce seront des pommes de terre nouvelles, que je vendrai huit fois plus cher. »

Je fus frappé de la justesse de ce calcul, et je me promis bien dorénavant de ne jamais laisser passer un fait exceptionnel, sans demander les raisons de ce fait, bien sûr d'y trouver un enseignement.

Une autre fois, je me trouvais à la foire de Cuers, dans l'arrondissement de Toulon , au 28 octobre, époque où les jardiniers d'Ollioules ont l'habitude d'aller vendre les premiers plants d'oignons. Je regardais faire la vente avec une grande attention ; je remarquai un jeune homme qui vendait de jeunes plants de choux, il disait aux cultivateurs qui venaient sur le marché, achetez-moi donc 50 plants de choux, ils sont d'une bonne qualité, au printemps vous en aurez de magnifiques. Mais lui répon. dait-on *(per aco foudrié avé d'eigagé)* il faudrait pour cette culture avoir de l'arrosage. Je me disais en moi-même, pauvres cultivateurs, vous vous trouvez éloignés des grandes villes, vous avez sans doute du terrain libre et la mère de famille doit bien avoir besoin de légumes pour son pot-au-feu. Comment peuvent-ils dire qu'à la campagne, au 28 octobre, on ne peut pas élever des choux sans le secours de l'arrosage.

C'est de cette époque et de ces souvenirs que date mon désir de redresser les idées erronées dont je gémissais, et de mettre sous les yeux des cultivateurs, un ouvrage pratique et spécialement pour la campagne où il n'y a pas des moyens d'irrigation. Voilà comment j'ai été conduit à écrire un livre d'horticulture pratique pour notre littoral méditéranéen.

On peut, en suivant les indications que je donne, se procurer à la campagne, des légumes maraîchers une grande partie de l'année. Bien que cet ouvrage soit essentiellement pratique, j'ai été obligé d'employer quelques figures de géométrie.

Sans doute que les cultivateurs des villages, qui n'ont pas reçu d'instruction, seront embarrassés quelquefois : je leur conseillerai donc de faire comme moi.

Je suis le onzième fils d'un jardinier qui a eu douze enfants. Le précieux trésor de l'instruction qui était moins apprécié alors qu'aujourd'hui, m'a donc fait presque complètement défaut.

Si je puis aujourd'hui mettre à profit le fruit de

mon expérience, c'est que je n'ai pas craint de recourir aux conseils de personnes expérimentées. Le cultivateur fera donc bien de recourir, pour les explications dont il pourrait avoir besoin, à de plus instruits que lui, et il s'en trouvera toujours quelqu'un dans le rayon de sa résidence.

La Provence, par son climat tempéré, est appelée à fournir des légumes aux départements du nord, pendant les six mois d'hiver, et c'est la campagne seule, qui doit faire ce commerce, parce que les jardins maraîchers se trouvent généralement dans des bas-fonds, ce qui fait pousser les plantes très vigoureusement en été. Il en est de même par les chaleurs humides d'automne, ce qui oblige les jardiniers à vendre leurs produits, de manière qu'ils sont dépourvus de légumes une grande partie de l'hiver.

Un autre fait, c'est que les gelées printanières et l'humidité de l'hiver, mettent les jardins dans l'impossibilité de produire des légumes et certaines primeurs, tandis qu'à la campagne, dans les positions peu exposées aux excès de l'humidité, en suivant les procédés que j'indique, on peut avoir pendant tout l'hiver, les espèces de chicorée et de laitue, qui souvent pourrissent dans les jardins. On peut également avoir des primeurs d'artichauts, des pommes de terre, des petits pois etc., etc.

Tous ces légumes sont recherchés pour l'exportation.

Les personnes qui voudront faire la culture potagère, d'après les principes exposés dans cet ouvrage, devront d'abord étudier leur terrain et leur position. On ne doit jamais dire : mon voisin récolte de beaux artichauts, je vais en faire également. Il faut premièrement étudier si le terrain le permet.

A mon point de vue, pour la culture potagère, il faudrait un ouvrage pour chaque arrondissement.

Un fait digne de remarque, c'est que dans une propriété, il y a telle position où l'on peut faire des haricots huit à dix jours plustôt que dans tout autre de la propriété. Il y a donc des différences plus grandes encore d'un quartier à un autre, d'un département à un autre, d'une zone à la voisine, surtout en ce qui concerne les plantes des pays chauds.

Cet ouvrage s'applique aux trois départements du midi de la France. Bouches-du-Rhône, Var, et Alpes Maritimes. Je regrette beaucoup de ne pas connaître la Corse et l'Algérie, néanmoins je pense que les modes de culture que j'indique pourront leur être appliquées.

Si ma position me l'avait permis, j'aurais parcouru le littoral des trois départements, j'aurais de la sorte pu donner tous les noms de tous les quartiers, la qualité du terrain et la culture se rapportant à chaque localité.

La Provence est une serre en plein champ. Dans la plus grande partie du littoral, on trouve au mois de janvier des pommes de terre que le froid n'a pas encore gelées. On trouve également de vieilles plantes de pommes d'amour qui sont encore en fruit.

Les propriétaires ou fermiers du littoral qui s'occuperont des primeurs, auront un triple avantage sur toute autre position de la Provence. Les conseils de ce petit livre les intéressent donc plus particulièrement, puisqu'ils doivent s'appliquer plutôt aux pays chauds qu'aux pays froids.

LE MARAICHER

DU LITTORAL

DE LA MÉDITERRANÉE.

DE L'ARTICHAUT ROUGE

DANS LES JARDINS.

Les jardins seuls peuvent nous donner des artichauts presque en toute saison.

On doit les planter au mois d'avril ou mai ; il faut se servir de pépinières faites en octobre, ou bien prendre de forts œilletons des pieds qui ont fini leur récolte. On obtient alors le fruit en août et septembre.

Cette culture n'est pas à dédaigner, parce qu'elle peut donner un second produit au mois de mai, en ayant soin toutefois de déchausser les plantes au mois de mars et de leur laisser un ou deux œilletons des plus forts.

Pour la grande culture, c'est en juillet et août

qu'elle doit avoir lieu. On doit les espacer de 80 centimètres. Il faut bêcher le terrain à 50 centimètres environ, enterrer du fumier assez copieusement, n'importe de quelle qualité. On doit les arroser trois fois dans la première quinzaine si c'est possible, afin de les faire pousser vigoureusement.

Aux premières pluies, c'est-à-dire vers la Saint Michel, on doit les refumer avec de l'engrais humain et les chausser lorsque les gros froids arrivent (1).

Au mois de mars, il faut les déchausser, bien ôter les œilletons du pied, afin qu'ils n'enlèvent pas la force au légume ; les œilletons que l'on retire doivent être mis en pépinière pour servir en juillet à faire les nouvelles plantations.

DES ARTICHAUTS BLANCS.

La plantation des artichauts blancs se fait en juin et juillet. Comme cette espèce vient très-grosse, on doit mettre les plantes à un mètre de distance au moins. On doit tirer parti du terrain qu'occupe cette plantation pour y faire de la chicorée, de la laitue ronde et des radis. (Comme je l'indique à l'article relatif à la culture de ces plantes). Lors-

----

(1) Où le thermomètre ne descend qu'à deux degrés au-dessous de zéro on peut se dispenser de chausser l'artichaut.

qu'on a retiré cette culture dérobée, on donne un petit binage, on laisse croître la plante, et lorsque vient la fin de septembre, on refume avec de l'engrais humain.

L'artichaut blanc étant beaucoup plus tardif que le rouge, on doit, en le déchaussant, au mois de mars, le fumer de nouveau.

DE L'ARTICHAUT BLANC

APPELÉ SECOND PAR LES JARDINIERS.

C'est en octobre que la plantation de cet artichaut doit avoir lieu. On n'a pour ainsi dire pas de culture spéciale pour cette plante, on intercale des laitues rondes, épinards et radis, ou bien des oignons premiers. Au mois de mars ou avril, après avoir retiré ce doublage, on le bêche, on le refume, et on lui donne les soins nécessaires pour le faire fructifier.

En juin et juillet, c'est-à-dire lorsqu'il a fini sa récolte, on ne l'arrache pas, on le bêche et on y fait des haricots à rames ou tout autre. Lorsqu'on a enlevé cette récolte, on laisse pousser tous les œilletons qui servent dans la première quinzaine d'octobre pour régénérer la plante, et faire des pépinières, pour ceux qu'on veut planter en juin et juillet. Beaucoup de jardiniers ne les arrachent pas quand ils les trouvent assez forts. On laisse le plus fort œilleton et on le fait servir pour des premiers.

DE L'ARTICHAUT ROUGE

A LA CAMPAGNE.

L'artichaut rouge de la campagne, à mon avis, est celui qui doit le plus abonder sur le marché. J'ose dire qu'il réussit aussi bien que dans les jardins et quelque fois mieux, surtout dans les terrains qui ne craignent pas l'humidité de l'hiver. Mais il faut pour cela recaver, comme si on voulait planter des vignes. Il est bon d'y enterrer des chiffons, de la corne de bœuf ou de mouton, ou tout autre engrais susceptible de durer longtemps dans la terre, attendu qu'on peut rester jsuqu'à dix ans sans les arracher.

C'est en hiver que la plantation doit avoir lieu. On peut sur le recavé faire des melons, des pastèques ou des oignons, parce que l'artichaut ne fait que reprendre à la première année. Lorsque l'on a enlevé la récolte dérobée, il faut bêcher la plantation.

Au mois d'août on remplace ceux qui ont manqué par de forts œilletons que l'on plantera en mettant dessus une poignée de paille un peu consommée ou tout autre corps empêchant la terre de sécher. Il faudra arroser quelquefois afin de faire pousser. Au mois d'octobre on refumera comme j'indique ci-dessous en ayant soin de donner la même culture que pour les jardins, et lorsque la récolte est faite on les laisse sécher. En juillet on les coupe entre deux terres de manière que le plateau de l'artichaut puisse pousser. On le bêche et aux premières pluies, c'est-à-dire vers la Saint-Michel on les fumera en donnant les soins comme je l'indique ci-après.

DE L'ENGRAIS
QU'ON DOIT DONNER A L'ARTICHAUT.

Si l'on veut laisser l'artichaut en place pendant plusieurs années, il sera indispensable en le plantant d'enterrer dans le sol, du chiffon, de la corne de bœuf ou de mouton.

Si on ne le plante que pour la culture de l'année, il faudra, si c'est pendant l'été, faire un trou derrière le pied et au nord, et si c'est en hiver, il faudra le faire devant c'est-à-dire au midi. Ce trou doit être pratiqué aussi près que possible du pied à une profondeur de 15 centimètres et le fumer avec de l'engrais humain. On ferait bien d'y ajouter une poignée de tourteaux, le refumage, comme on l'appelle durerait bien davantage, parce que sou-

vent on est obligé de refumer deux fois, en octobre
et en mars. Cette manière de fumer peut être
aussi bien employée à la campagne que dans les
jardins.

DE L'ASPERGE

DANS LES JARDINS.

Les jardins peuvent donner des asperges toute
l'année, mais pour cela il faut en avoir de grandes
quantités. L'asperge se sème régulièrement au mois
de février, en pleine lune, pour être mise en place
l'année d'après. Si on veut avoir des griffes de deux
ans, on doit les repiquer à une distance de 25 centimètres pour être remises en place l'année suivante.
On doit bêcher le terrain à cinquante centimètres
au moins, ouvrir des fosses de cinquante centimètres de large sur soixante centimètres de profondeur,
y mettre une bonne couche de fumier de n'importe
quelle qualité, l'essentiel c'est d'en mettre beaucoup.
Si par hasard, c'était du fumier de litière, nouveau, il
faudrait avoir la précaution de le laisser en terre
quelques jours avant d'y mettre les griffes, pour
laisser passer le feu de la première fermentation.

L'asperge ne demande pas un grand arrosage,
mais pourtant, comme à la première année, le
fumier n'est pas encore consommé, il faut arroser

au moins trois fois par mois, jusqu'à la fin de l'été. Lorsque vient la fin d'octobre, on coupe, en ayant soin de les enlever, les vieilles tiges. On déchausse bien et on met sur les griffes, du fumier bien consommé ou de l'engrais humain. On récouvre ensuite de dix à quinze centimètres de terre et on laisse dans cet état.

Si l'on a planté des griffes d'un an, il ne faut pas cueillir les asperges la première année, ni la seconde, ce n'est que la troisième année que l'on pourra cueillir.

Avec des griffes de deux ans, on peut commencer la cueillette la seconde année, en ayant soin de ne pas la prolonger au delà du mois d'avril. L'année d'après on peut prolonger la cneillette jusqu'en fin mai, et lorsque les plantes ont cinq ans, on peut cueillir jusque vers la fin de juin. Mais pourtant, si la position du terrain ou la qualité de la terre était de nature à faire pousser les asperges de bonne heure, comme il arrive quelquefois, il faudrait cesser la cueillette plustôt, autrement on épuiserait la plante

Pour avoir des asperges dans les mois de juillet et d'août, il suffit de recourber les tiges, et les plantes pousseent de nouvelles asperges bonnes à manger. Pour en avoir au mois de septembre, il faut couper les tiges en entier. Il faut pratiquer cette méthode, sur des plantes qui sont déjà vieilles et qui sont presque condamnées ; si l'on abusait des jeunes plants, on serait sûr de les perdre.

Pour en avoir aux mois d'octobre et novembre, il faut faire une couche, préparée comme pour des piments. On recouvre la litière de quelques centimètres de terre et l'on arrache les griffes, en ayant soin de ne pas les dégarnir de la terre qui y adhère, on les met à se toucher en les recouvrant d'un terreau assez frais (comme j'indique pour le semis de pomme d'amour), ensuite on recouvre d'un chassis. Quelques jours après les asperges poussent. Lorsque la terre commence à sécher, on pourra donner de l'eau, en tenant toujours les chassis fermé. On peut pratiquer cette culture avec de vieilles griffes, mais il serait préférable d'en cultiver pour cette usage, en les repiquant dans des planches, à une distance de trente centimètres. Après trois ans on les enlève avec la terre et on s'en sert de cette manière. Une fois que la récolte est terminée, la griffe n'est bonne qu'à jeter.

Les asperges que l'on cultive en pleine terre, soit à la campagne soit dans les jardins, peuvent recevoir les chassis au moyen d'une planche. Il faut avoir soin de tenir les chassis fermés aussi hermétiquement que possible, et les couvrir de paillassons le soir, afin d'y maintenir la chaleur pendant la nuit. On ne doit jamais donner de l'air. Lorsque les asperges commencent à pousser on peut donner de l'eau une fois par semaine, si l'hiver a été sec; mais s'il a été pluvieux et que la terre soit humide, on peut s'en dispenser.

Voilà pourquoi je dis qu'à la campagne, on peut tout aussi bien mettre les chassis sur les asperges, que dans les jardins.

DE L'ASPERGE

A LA CAMPAGNE.

L'asperge à la campagne peut aussi bien réussir que dans les jardins, mais pour cela, il ne faut pas que le terrain soit très-sec, ni que le safre ou le *grès de boute*, se trouve très-haut, c'est-à-dire à un mètre ou soixante-quinze centimètres. Dans ce cas il serait inutile de faire cette culture à la campagne. Mais dans un terrain profond, en recavant à soixante-quinze centimètres on peut parfaitement élever des asperges. Il faudra ouvrir des fosses, mais moins grandes que pour la culture de cette plante dans les jardins, et par conséquent les garnir de moins de fumier, parce que la sécheresse de l'été pourrait porter préjudice aux griffes; mais l'année d'après on ouvrira une forte rigole entre les deux rangées et on fumera de nouveau. La culture sera, du reste, la même que celle indiquée pour les jardins.

L'asperge s'accommode de tout terrain, mais plus particulièrement des terrains sablonneux.

Il faut donner un mètre aux rigoles et placer les plantes à une distance de vingt à vingt-cinq centimètres.

DE L'AUBERGINE

DANS LES JARDINS.

L'aubergine est une plante très-jardinière. Plus un jardinier est muni de chassis et de paillassons, plus on doit la semer de bonne heure. Différemment il faut la semer au commencement de février, sous bâche, en ayant soin de ne pas trop garnir de litière, ni de terreau qui ait déjà servi à des bâches, afin d'en exclure le salpêtre qui est nuisible à la germination de cette plante.

Lorsque les graines ont bien levé et que la bonne feuille commence à paraître, si le terrain est sec, on pourra les arroser, en ayant soin de choisir un jour de beau temps et de faire l'opération vers les dix heures du matin, afin que les plantes aient le temps de sécher dans le courant de la journée. Lorsque les plantes ont quatre feuilles, il faut les repiquer en pépinière, encore sous chassis, soit dans des pots, soit en pleine terre, en les distançant de dix centimètres l'une de l'autre.

Quant à l'air qu'on doit donner aux panneaux, il faut s'en tenir à la manière que j'indique pour la culture de la pomme-d'amour.

On doit dans le mois d'avril, préparer le terrain destiné à recevoir l'aubergine, faire des *vaseaux* de soixante-quinze centimètres d'une raie à l'autre, et sur un plan incliné au midi, afin que s'il venait à pleuvoir, le pied de l'aubergine ne reste pas inondé.

Vers la fin d'avril, il faut confier l'aubergine à la pleine terre et choisir autant que possible une série de temps secs, bien qu'il soit bon que la terre soit humide.

Les jardiniers pratiquent toujours en arrière des lignes de l'aubergine, un doublage de laitue ronde ou longue. On peut y jeter quelque radis à la volée, si on pense que le terrain soit assez gras. Lorsque vient la fin de mai, qu'on a retiré la culture dérobée, on bêche de nouveau, on aplanit le terrain et on laisse quelques temps dans cet état. Quand les chaleurs du mois de juin arrivent et que l'aubergine a poussé vigoureusement, on doit lui supprimer tous les bourgeons qui se trouvent dans les feuilles basses, et ne lui laisser que les deux ou trois tiges qui forment la tête. Si le terrain est un peu maigre, il faudra pratiquer un trou près le pied et refumer avec de l'engrais humain. Ensuite on chausse à droite et à gauche et l'on pratique l'arrosage au moins une fois par semaine pendant tout l'été.

DE L'AUBERGINE

A LA CAMPAGNE.

La culture de l'aubergine ne peut se faire en grand dans les campagnes, parce que c'est une plante qui ne pousse qu'à l'époque des fortes chaleurs. On doit se contenter d'en avoir quelques plantes près d'un puits afin de pouvoir les arroser.

ARROCHE OU BELLE-DAME.

Nos jardiniers sèment l'arroche dans le mois de janvier ou février, à la volée ou en lignes.

Cette plante jusqu'à présent n'a qu'une saison.

On s'en sert comme des épinards, particulièrement pour la soupe de fèves fraiches. Aussi lorsque cette dernière plante sèche, l'arroche ne se vend plus. On la coupe trois ou quatre fois, tant qu'elle est demandée. Il suffit d'en laisser une ou deux plantes pour porte-graines.

On peut cultiver cette plante dans les campagnes tout aussi bien que dans les jardins.

DE LA BETTERAVE

DANS LES JARDINS.

Pour avoir des primeurs de betterave, il faut cultiver la plate de Bassano, qu'on doit semer au commencement de février assez clair, et les distancer de vingt centimètres l'une de l'autre. On peut en repiquer dans des *vaseaux*, à la même distance.

Au mois de mars on sème la rouge et la jaune ou toute autre espèce, on repique ensuite lorsque les plants sont bons, à une distance de vingt-cinq à trente centimètres.

A mesure que la plante se fait belle, on doit lui ôter les feuilles basses que l'on donne aux jeunes porcs pour lesquels cette nourriture est excellente. Lorsque vient la fin de l'été, si l'on a beaucoup de betteraves, et que le terrain qu'elles occupent soit nécessaire pour une autre culture, on peut les arracher, les mettre dans une grange où elles se conservent très-bien. Si dans les mois de juin ou juillet l'on n'a pas encore fait de betteraves, il ne faut pas croire qu'il soit trop tard, on peut semer la plate de Bassano, qui donnera encore d'assez beaux produits.

DE LA BETTERAVE

A LA CAMPAGNE.

La betterave plate de Bassano, peut se cultiver à la campagne aussi bien que dans les jardins. En la semant comme je l'indique pour la culture des jardins, elle peut arriver à son entier développement avant la sécheresse. Mais pour les autres espèces, il faut les faire dans du recavé. La betterave fourragère ou champêtre ne doit pas être oubliée, surtout dans les fermes où l'on élève des porcs ou des vaches.

Pendant tout l'été on en cueille les feuilles, et à l'entrée de l'hiver, on en fait des tas dans les granges où elles se conservent très-bien.

DU CARDON.

Il faut semer le cardon en mai ou juin, et le repiquer lorsque les sujets sont assez forts. La culture de cette plante est la même que celle de l'artichaut

blanc. Quand la plante est assez forte il faut relever les feuilles verticalement et les bien serrer avec
des liens en sparterie, afin quelle ne crèvent pas des
côtés ; ensuite on les butte. Dans le nord des trois
départements du Var, des Bouches-du-Rhône et des
Alpes-Maritimes, on doit les coucher pour les faire
blanchir.

DE LA CAROTTE

DANS LES JARDINS.

On peut semer la carotte en toute saison.

D'octobre en mars, il faut semer la courte de
Hollande. Dans le mois d'avril on peut semer la
demi-longue. Jusqu'en octobre on peut considérer
cette dernière espèce comme fourragère, car en la
laissant en terre un peu plus longtemps, on obtient
des racines presque aussi grosses qu'avec la fourragère.

De mai en août, il faut semer la fourragère.

Cette graine doit être mise à la volée, et l'on doit
faire des *vaseaux*, comme je l'indique dans la cons-
truction des jardins. Comme cette graine est très
cotonneuse, et que le jardinier ne peut guère régler
avec sa main la quantité qu'il jette sur le terrain,
il est bon, lorsque les plantes ont quatre feuilles,
surtout si on veut les cultiver comme fourragères,

de les éclaircir de manière que les plantes se trouvent à quatre centimètres de distance les unes des autres. On obtient par ce moyen d'assez beaux produits.

La carotte semée dans le courant de l'été demande l'arrosage tous les deux ou trois jours, jusqu'à ce qu'elle soit levée. Si par hasard on manquait d'eau, comme cela arrive très souvent dans les contrées sèches, il faudrait au second arrosage, lorsque la carotte a germé, rompre légèrement la superficie de de la terre au moyen d'une eissadette. La plante lèvera alors facilement et l'on économisera un ou deux arrosages.

DE LA CAROTTE

A LA CAMPAGNE.

On peut, lorsque les premières pluies arrivent, semer la carotte à la campagne, mais il faut attendre que les pluies se succèdent, parce que cette plante demande une humidité assez complète. C'est dans la première quinzaine d'octobre qu'on doit en faire en plus grande quantité. Quoique j'indique, dans la culture de cette plante dans les jardins, qu'on peut faire de la carotte en toute saison, il faut se garder d'en faire en grande quantité dans les mois de novembre et décembre, parce que les gelées d'hiver peuvent quelquefois les faire périr toutes. Lorsque vient le commencement de janvier, on peut semer encore en abondance, et toujours la courte de Hollande.

Dans les mois d'avril et mai, si l'on veut semer la demi-longue ou la fourragère, il faudra le faire dans du recavé. Quoique la carotte ne soit pas trop avide de fumier, puisque dans les jardins, on la fait souvent sans engrais, il ne faudrait pas s'abstenir d'en mettre, attendu qu'à la campagne le terrain n'est jamais aussi gras. Lorsque vient le printemps, si la carotte faite en octobre venait à jaunir, il faudrait la refumer avec de l'engrais humain.

DU CHOU

DANS LES JARDINS.

Le chou cabus est l'espèce que l'on cultive le plus à Toulon. On peut commencer à le semer au mois de décembre et continuer jusqu'en juillet. On le repique jusqu'au mois d'août; en septembre il serait trop tard parce que les gelées blanches le font ouvrir et l'on n'a plus que des feuilles sans pommes. Il faut semer le chou vert en février et continuer jusqu'au mois de juillet; on peut le repiquér jusqu'au quinze septembre. Le petit vert hâtif se sème depuis janvier jusque vers le quinze août; on peut le repiquer jusqu'aux premiers jours d'octobre.

Le chou d'Yorck, qu'on appelle printannier, se sème en toute saison, mais à partir du mois d'octobre il faut être muni de plants, parce qu'à cette époque il n'y a pas d'autre espèce. Il y a aussi la variété d'Uzès, qui demande la même culture que le précédent. En le semant à la Saint-Michel, on le repique vers la fin de décembre, et dans le mois d'avril et mai, l'on aura des choux avec des pommes énormes.

Les jardiniers doivent semer des choux au moins deux fois par mois. Il est bon de les laisser souffrir en jeunes plants, parce qu'en les repiquant un peu secs, ils reprennent plus facilement et deviennent plus vigoureux.

Aux mois de juillet et août, on doit planter de préférence le chou cabus et le chou vert.

DU CHOU BROCOLI.

On doit semer le brocoli dans les mois de mai et juin, le repiquer en juillet et août. Nous possédons plusieurs variétés de brocolis, mais tous demandent la même culture. Le plus tardif se repique encore en septembre.

DU CHOU-FLEUR

DANS LES JARDINS

Nous avons un assez grand nombre de variétés de chou-fleur; les jardiniers ne peuvent trop étudier cette plante.

Nous avons le chou-fleur tendre hâtif, qu'on peut semer à la fin de décembre, en ayant soin de l'abriter. On le repique en février ou en mars, et l'on peut avoir la récolte dans le mois de mai ou juin.

Mais cette culture étant douteuse, on ne doit pas en faire de grandes quantités.

On peut semer la même espèce en mars, repiquer en mai, et avoir la récolte à la fin du mois d'août ou au commencement de septembre. Seulement la même difficulté se présente, Notre climat étant très-chaud, il y a crainte de non réussite.

En avril, on sème le demi-dur, pour être repiqué en juin et juillet. En mai ou en juin on sème le gros dur de mars, pour être repiqué en juillet et août.

Le jardinier doit observer que le chou-fleur qui doit pommer dans les mois de novembre, décembre et janvier doit souffrir un peu de la sécheresse en septembre. Cette précaution est bonne à prendre, parce que lorsque les pluies arrivent et que les choux-fleurs se trouvent en pleine croissance, on court le risque de voir le tronc se pourrir, surtout dans les terrains qui craignent l'humidité. Sans cette précaution, on court le risque d'en perdre les deux cinquièmes.

Mais si c'était la variété tendre, ou demi-tendre, et qu'en septembre ils eûssent déjà des pommes comme des œufs, il faudrait bien se garder de les faire souffrir, on doit au contraire les pousser pour leur faire faire la récolte.

Le chou-fleur aime beaucoup le guéret et le fumier. Si ce sont les espèces qui doivent pommer de février à mars, il est à propos de les refumer avec du tourteau ou de l'engrais humain, en pratiquant un trou près du pied.

DU CHOU

A LA CAMPAGNE.

Pour planter des choux à la campagne de bonne heure, c'est-à-dire dans la seconde quinzaine d'août, il faut préparer le guéret dans le courant de l'été, et lorsque vient une petite pluie on doit les repiquer ; mais comme à cette époque on doit employer des plants assez forts et que les pluies sont peu abondantes, il est bon de leur donner un peu d'eau avec l'arrosoir afin de les aider à reprendre. On doit planter à cette époque le chou vert, et au mois de septembre lorsque les pluies sont plus fréquentes, il faut mettre le printanier, car quelque fois les pluies ne se succèdent pas, et il serait trop tard pour toute autre espèce.

On peut continuer de planter le chou, à la campagne, jusqu'au mois de mars, tout en observant la culture que j'indique pour les jardins.

DU CHOU-FLEUR.

Pour avoir des choux-fleurs en pleine campagne, il faut nécessairement recaver. Il faut les repiquer dans le courant de mai, de manière qu'ils puissent profiter encore des dernières pluies. On peut les mettre dans des plantations de melon ; mais ce n'est que dans les cultures de cantaloup que l'on peut pratiquer cette méthode : En effet, dans la manière de cultiver le cantaloup, j'indique qu'il faut le tailler, par conséquent, on peut parfaitement y intercaler des choux-fleurs, en bien se gardant d'employer des espèces précoces, car l'on n'obtiendrait que des pommes grosses tout au plus comme des œufs et la récolte serait perdue. Dans le mois d'août il faut faire le second. c'est-à-dire, celui qui doit pommer en mars, en ayant soin de le refumer aux premières pluies, de la même manière que j'ai indiquée pour la culture des jardins.

DU CHOU BROCOLI.

On peut dans la première quinzaine de septembre, repiquer le brocoli à la campagne, mais il faut avoir des plants un peu forts.

Si les pluies ne sont pas encore arrivées, il faut avoir le soin de donner un peu d'eau avec le canon de l'arrosoir. Il faut faire les espèces tardives, c'est-à-dire, ceux qui doivent pommer en mars et en avril.

Les lignes doivent avoir soixante-quinze centimètres de large et les plantes quarante centimètres de distance.

SEMIS DES CHOUX

ET DISTANCE QU'ON DOIT DONNER A CES PLANTES, A LA CAMPAGNE COMME DANS LES JARDINS.

Les choux en pleine campagne qui doivent être repiqués en août et septembre, doivent être semés vers la fin d'avril ; les dernières pluies les pousseront encore à la grosseur voulue.

On aura soin de les laisser souffrir tout l'été, et lorsque l'époque de la plantation sera venue, ils n'en seront que meilleurs. Mais pour ceux qui doivent être repiqués en octobre, il faut les semer au mois d'août, en ayant soin de suivre la méthode que j'indique pour la culture des navets, ou bien d'en faires quelque *vaseaux* près d'un puits.

Dans les jardins il faut semer des choux trois fois par mois.

Pour la culture des choux, il faut donner aux lignes soixante-dix centimètres de large et distancer les plantes de trente centimètres. Mais lorsque vient la dernière saison, c'est-à-dire la première quinzaine de septembre, on peut les planter à une plus petite distance, parce qu'ils ne se font pas aussi gros. La même observation s'applique aux choux printaniers que l'on plante dans la deuxième quinzaine de septembre et dans le courant d'octobre, attendu que ces plantes pomment dans le courant de février ou mars et que ces choux restent régulièrement petits.

DU CÉLERI

DANS LES JARDINS.

Vers la dernière quinzaine de décembre on peut commencer à semer le céleri ; mais il est bon à cette époque de le faire sous châssis. Il faut recouvrir légèrement la graine, tenir le terrain bien humide et les châssis toujours fermés.

Lorsque la plante a bien levé, on lui donne de l'air, comme à toute autre plante. Au mois de mars ils sont bons à repiquer ; il faut avoir soin de les faire épais, attendu qu'aussitôt qu'ils sont à pleine main, on les attache et on les butte pour les faire blanchir Il faut pour cette culture se servir du petit blanc hâtif ou du violet de Marseille.

Au mois de février et mars, on doit semer le *gros plein* ou tout autre espèce, en pleine terre, en ayant soin de pratiquer les arrosages comme je l'indique ci-dessus,

Le plant de céleri ne vieillit point, pourvu qu'on ait le soin de l'arroser souvent. On peut en repiquer tout l'été, et même jusqu'au mois de septembre. Mais c'est en juin et juillet que le jardinier doit former son capital pour l'hiver.

Le céleri aime beaucoup l'engrais et des arrosages fréquents, aussi je ne conseille pas d'en faire dans les campagnes, ni des premiers, ni des derniers. On peut en repiquer quelques plants près d'un puits et les arroser avec l'eau qu'on a de reste.

Il faut donner soixante-dix centimètres aux lignes et vingt centimètres de distance aux plantes.

DU CÉLERI-RAVE.

On doit semer le céleri rave en mars, le repiquer en mai et juin, en ayant soin de mettre le double de plantes que ce que l'on ferait pour l'autre céleri, parce qu'on ne le butte pas. Il faut avoir soin de lui ôter quelquefois les feuilles basses et les racines les plus hautes, afin de lui faire une tête un peu plus grosse.

DU CERFEUIL.

Le cerfeuil se sème en toute saison.

Il faut l'abriter en hiver et le semer à l'ombre en été Lorsqu'on le sème à l'époque des fortes chaleurs, il faut faire tremper la graine pendant vingt-quatre heures. On peut se dispenser de cette mesure, mais alors il faut couvrir le semis d'un paillasson, ou d'une branche d'arbre et ne le découvrir que le soir du jour ou la graine lève. Il faut l'arroser presque tous les jours jusqu'à ce qu'elle soit sortie.

Lorsque vient le mois de septembre et que les pluies se succèdent, il faut semer le cerfeuil à la campagne et continuer jusqu'au mois d'avril.

DE LA CHICORÉE

DANS LES JARDINS.

La chicorée frisée, fine, d'été, que les marchands nomment d'Italie, est celle qui est la plus importante.

Quelques-uns de nos jardiniers, ceux qui ont le terrain le plus convenable, commencent à la semer au mois de février. On sème à la volée, on éclaircit ensuite à une main ouverte l'une de l'autre et on la laisse venir bonne sur place. On doit se garder de la repiquer parce qu'elle monterait en graine. Douze ou quinze jours après on en sème encore, et quand vient le mois de mai on commence à en repiquer. On doit avoir soin de ne pas laisser vieillir les plants ; il faut repiquer toujours les plus nouveaux. A partir de cette époque, on doit semer la chicorée trois ou quatre fois par mois, pendant tout l'été, c'est-à-dire vers le dix ou douze septembre.

La chicorée scarolle est aussi une plante qu'on peut semer de bonne heure, c'est-à-dire vers la fin de mars. Elle est beaucoup plus rustique que les autres et s'accommode d'un terrain peu fertile.

La variété lisse qu'on doit semer vers la fin de mai, demande la même culture que les autres.

La grosse frisée, craint beaucoup le soleil, parce qu'elle ne pomme pas ; on ne doit pourtant pas l'oublier, attendu qu'elle se fait très grosse.

Les jardiniers des environs de Toulon, cultivent ces quatre espèces ; à partir du mois de mai jusqu'au mois de septembre ils les mettent pour doublage. Dans les poireaux on en met une rangée ; dans les céleris deux rangées ; dans les cardes deux rangées ; dans les choux-fleurs deux rangées ; dans les artichauts deux rangées, et dans les choux-brocolis une rangée.

Lorsque viennent les mois de septembre et octobre on en fait des planches à plein. Les raies doivent avoir quatre centimètres de large ; on plante la chicorée devant et la laitue ronde derrière.

DE LA CHICORÉE SAUVAGE.

On peut semer la chicorée sauvage à couper, en toute saison, mais le jardinier doit la semer pour son commerce, dans le mois de mars ou avril, pour pouvoir en couper tout l'été.

On sème aussi l'améliorée. On la fait en rayon ou à la volée.

La chicorée à grosse racine ou à café se sème à la même époque, on lui donne la même culture.

DE LA CHICORÉE

A LA CAMPAGNE.

On peut à la campagne, au moyen d'un puits, se procurer des milliers de plantes de chicorée, en la semant dans la première quinzaine d'août. Cette graine n'est pas difficile à lever : Pour peu d'humidité qu'on lui donne, la germination se fait facilement.

On doit préparer le terrain en été ; cette culture ne demande pas grand guéret, mais il faut y mettre du fumier de n'importe quelle qualité. (1)

Le repiquage se fait aux premières pluies de septembre jusqu'à la fin d'octobre.

Il faut avoir soin de ne pas pratiquer cette culture dans les fonds qui sont trop humides en hiver.

On peut mettre cette plante dans les endroits destinés aux pommes de terre premières, en ayant soin de ne pas repiquer trop tard lorsque le terrain sera destiné à cette dernière plante. La chicorée, à la campagne, surtout dans les endroits que j'indique, réussit mieux que dans les jardins. On peut la

______

(1) A cette époque le tourteau est celui qui convient le mieux.

repiquer à terrain plat et mettre les plants à une distance de vingt-cinq centimètres : Si on sème un terrain un peu humide et frais, il faut pratiquer la culture à plein, comme j'indique pour la première saison des jardins.

DE LA CHICORÉE SAUVAGE

A LA CAMPAGNE.

Cette chicorée doit être semée à la campagne, aux premières pluies, afin de pouvoir profiter de la saison printanière pour la vente. Elle réussit dans tout terrain, mais la chicorée à grosse racine doit être semée en mars et dans des terrains bon fond. Dans du recavé on obtiendra de magnifiques produits.

DU CONCOMBRE

DANS LES JARDINS ET A LA CAMPAGNE.

Dans le mois de février ou mars on met une forte poignée de graines de concombres dans un coin, sous châssis et aussitôt qu'elles commencent à lever on repique dans des vases de trois pouces, en ayant soin de ne mettre qu'une plante dans chaque, et on met en place vers le vingt ou vingt-cinq avril.

Dans les jardins où l'on n'a pas à redouter des gelées tardives, on peut les mettre de meilleure heure et choisir une série de jours secs.

S'il venait à pleuvoir dans les premiers jours après la plantation, il faudrait aussitôt que la terre serait sèche, la biner autour du pied, afin que le soleil pénètre et puisse lui faire pousser de nouvelles racines. Il faut le placer autant que possible sur une *Jacquière* ou raie *banc-haut*, afin que la pluie ne l'inonde pas. Il faudrait prendre la même précaution si on mettait la graine au trou.

Le concombre viendrait tout aussi bien en pleine campagne dans les endroits *bon fond*, en ayant soin de bêcher le terrain environ à quarante centimètres. Les cultivateurs qui possèdent cette position de terrain, doivent suivre cette méthode et en faire une assez grande quantité, parce que dans les vieux jardins, cette plante ne réussit presque jamais; elle aime le terrain neuf.

Il faut pincer le concombre et lui laisser trois feuilles, parce que la première bourre n'est pas bonne. Lorsque les bourres ont bien poussé, on laisse les deux meilleures, qu'on coupe encore sur deux; ainsi de suite, jusqu'à ce que la plante arrive sur huit branches, en toujours coupant la bourre de dessous, qu'on appelle *agassin*; après, on continue de tailler, toujours sur une bourre Quand la

plante a donné un assez grand nombre de fruits et
que l'on remarque qu'elle est fatiguée au point
qu'on dirait presque qu'il faut l'arracher, il ne faut
plus la toucher. Elle repousse alors vigoureusement et donne une seconde récolte assez importante.

Même culture pour le cornichon.

DE LA COURGE MESSINAISE
DANS LES JARDINS.

La courge messinaise, dite de la Saint-Jean, est
l'espèce que les jardiniers cultivent le plus.

Lorsqu'on possède la véritable espèce, il faut
avoir le soin de la conserver, parce que quand on
la perd il est très difficile de se la procurer.

Voici le vrai moyen de la conserver ; je prie les
jardiniers qui sont nouveaux d'y faire bien attention.

Pour la vraie espèce de la Saint-Jean, lorsque les
plantes ont quatre feuilles, il paraît déjà quelques
fruits. Il faut avoir soin de garder pour graines
celles qui retiennent les premières. Quoique le fruit
soit petit, il ne faut pas s'en inquiéter ; c'est
précisément ce fruit-là qu'il faut garder pour
graine.

Pour avoir de gros fruits il faut que la plante ait

parcouru de quatre à cinq mètres. Si l'on gardait ce dernier fruit pour graines on serait sûr de perdre l'espèce.

La courge de la Saint-Jean se sème en février ou en mars, sur couche et dans des pots.

On met cinq ou six graines dans chaque vase, pour en laisser quatre; ensuite on les placé au milieu des planches, à deux mètres de distance les unes des autres. On doit mettre une natte ou un petit paillasson pour les garantir des gelées tardives du mois d'avril.

On les place habituellement dans des planches de laitue, de radis à plein ou d'épinards.

Lorsque le mois de mai arrive et que les plantes de courge commencent à courir, on fait monter deux plantes et descendre deux autres. On supprime toujours les bourgeons, on chausse les branches à mesure et on laisse filer le cœur. Il faut avoir soin d'écarter les branches les unes des autres d'environ vingt-cinq centimètres. En agissant ainsi, si l'on possède la véritable espèce, il faut qu'à la Saint-Jean, c'est-à-dire au vingt-quatre juin, on ait cueilli un fruit à chaque pied.

Il y a la grosse messinaise, qui demande la même culture et qui donnera de plus gros fruits; seulement on ne les obtiendra que plus d'un mois après. Cette culture n'est pas cependant à dédaigner, parce que si la première espèce avait réussi, et que par suite la vente ne fût pas avantageuse, on peut la laisser mûrir sur pied et la rentrer pour l'hiver.

Les citrouilles aiment beaucoup l'engrais humain. Lorsque la plante a parcouru de cinquante centimètres à un mètre et qu'on ouvre une raie pour la chausser, si on y met de ce fumier on en reconnaît bientôt l'effet.

DE LA COURGE MUSCATE.

La courge muscate doit être faite plus tard que la messinaise, afin d'éviter les gelées tardives. On peut même la faire au trou, en pleine terre. Il faut donner à cette plante le double d'espace et la conduire quelque temps comme la précédente, et puis la laisser aller. On obtient ordinairement de beaux fruits.

Nous avons aussi la variété pleine de Naples ou porte-manteau, également muscate, qui doit être cultivée de la même manière.

DE LA COURGE POTIRON.

On sème le potiron en février, sur couches et dans des pots. Il faut mettre trois ou quatre graines, pour en laisser deux, et les mettre en place quand les plantes sont un peu élevées.

Il est bon de les abriter d'un paillasson, afin de les avoir un peu plus tôt, et même si l'on peut disposer de quelques châssis, il faudrait les utiliser pour cette culture afin d'avoir la récolte avant celle des pommes d'amour.

On doit donner un mètre vingt-cinq centimètres aux lignes, et espacer les plantes de soixante centimètres. On cueille le potiron lorsqu'il est à pleine main.

CULTURE DE LA COURGE

A LA CAMPAGNE.

COURGE MESSINAISE.

Pour cultiver cette courge en pleine campagne, il faut avoir une bonne exposition, c'est-à-dire un terrain assez chaud. On peut la cultiver de la manière que j'ai indiquée pour les jardins, mais il faut que ce soit dans du recavé. Il ne faut pas trop se fier à cette plante.

Il vaudrait mieux faire la grosse muscate, qui dans peu de temps, couvre le terrain et maintient la fraîcheur. Il y a beaucoup plus de chance de réussite.

DE LA COURGE MUSCATE

OU PLEINE DE NAPLES.

Je dois signaler cette courge comme un précieux produit pour la campagne, parce qu'elle est rustique.

Dans l'arrondissement de Toulon, on cultive en pleine campagne, *la gavotte*, pour nourrir les cochons ; en hiver cette plante n'est plus qu'une écorce aussi dure que du bois. Il serait à désirer qu'on la remplaçât par la courge pleine de Naples, qui peut être cultivée dans tous les endroits bon fond , sans avoir besoin de recaver. Il suffit de faire un bon trou et d'y mettre un peu de fumier. Cette courge est de forme cylindrique ; elle ne se fait pas grosse ; mais elle se conserve très bien en hiver, pourvu qu'il ne gèle pas dessus. Elle est excellente dans la soupe, surtout avec des haricots quarantains.

DE LA COURGE POTIRON.

Au recavé on peut cultiver cette courge à la campagne dans quel endroit que ce soit ; elle n'est pas difficile sur la qualité du terrain. En bien la soignant, on l'aura première.

Il faut donner un mètre de distance aux plantes. On peut la faire au trou ou dans des vases, comme j'indique pour la culture des jardins.

Cette citrouille se mange frite ou farcie, lorsqu'elle est à pleine main. Elle est énormément fertile. Lorsque la vente n'est plus avantageuse ou que l'on est fatigué d'en manger, il faut la laisser grossir et la cueillir lorsqu'elle est mûre, on aura le même produit que pour la gavotte.

La courge potiron se conserve très bien, et les cochons la mangent très volontiers, aussi cette courge doit remplacer la gavotte, parce que, tendre, elle est très recherchée par les Italiens qui sont en grand nombre dans notre département.

DU CRESSON ALENOIS.

Le cresson alenois se sème en toute saison, s'accommode à quel terrain que ce soit et dans toutes les positions. Les personnes qui veulent être pourvues de cette salade fine, doivent en semer une fois par mois. Mais au printemps, quand la plante monte en graine, il faut en semer un peu moins à la fois, et plus souvent.

On peut semer également à la campagne depuis les premières pluies, jusqu'au mois d'avril.

DE L'ÉPINARD

DANS LES JARDINS.

L'épinard se sème en toute saison.

Nos jardiniers ne se servent de cette plante que comme doublage ; ils en font quelques planches à plein, mais très rarement.

Dans la saison d'été, il faut choisir des positions à l'ombre. On doit avoir le soin de faire tremper la graine quarante-huit heures, et d'arroser tous les deux jours.

Vers le quinze août, cette précaution n'est pas aussi indispensable. Il faut avoir le soin d'employer la graine de l'année précédente, parce que celles de l'année ne lèvent pas jusqu'à ce que les nuits soient fraiches, c'est-à-dire en septembre. On en met régulièrement dans les artichauts, dans les choux, dans les brocolis et en hiver dans les fèves.

DE L'ÉPINARD

DANS LES CAMPAGNES.

Dans les campagnes, à l'époque des premières pluies et lorsqu'elles se succèdent, on peut semer l'épinard et continuer jusqu'au mois d'avril.

On doit pratiquer cette culture sur un terrain relevé ; c'est là que l'épinard réussit le mieux.

Cette culture ne demande pas grand labour, mais elle aime l'engrais ; il faut la fumer avec du tourteau.

Lorsque l'épinard est un peu avancé et qu'il commencera à fournir, il faut le fumer avec de l'engrais humain.

J'engage les cultivateurs à cultiver l'épinard à la campagne en hiver, car il réussit mieux que dans les jardins.

DE L'ESTRAGON.

L'estragon est une plante très ancienne dans nos environs, mais sa culture étant peu connue, on en fait un très petit commerce. On met cette plante en bordure de chemin ou à tout autre endroit. Il faut la renouveler et la changer de place tous les deux ans. Car si on ne prend cette précaution, la mousse s'y met et la plante pourrit. On peut en faire à la campagne dans les endroits bas fond, ou sur le bord d'un recavé.

DE LA FÈVE.

Tout le monde connaît la culture de la fève. L'époque du semis en est importante : c'est pour la

Sainte-Cécile, c'est-à-dire au 22 novembre qu'on le pratique.

La fève n'exige pas beaucoup de fumier ; pourtant, plus la terre est grasse, mieux elle réussit et plus elle se fait belle. On doit dans les bons terrains donner plus d'écart aux raies.

Dans les jardins comme dans les campagnes, on doit toujours faire des fèves, parce que là où cette plante a été cultivée tout ce qu'on sème réussit à merveille. C'est une plante essentiellement améliorante.

Dans certains quartiers, la fève est attaquée par l'orobanche, qui très souvent dévore la récolte. Pour combattre ce fléau, il serait bon de se procurer les espèces les plus hâtives que l'on pourrait mettre en terre deux mois plus tard. La fève alors ne lèverait qu'au mois de février, époque où les jours grandissent et les plantes poussent vigoureusement. De cette manière, l'orobanche n'aurait pas le temps de nouer sur la racine de la fève, qui donnerait son fruit sans accident. Les fèves qu'on sème dans le mois de novembre restent deux mois dans une inertie complète, ce qui permet à l'orobanche de se développer à tel point, qu'au mois de février cette parasite est déjà grosse comme une noisette, et, à mesure que les beaux temps arrivent, elle pousse avec vigueur et détruit la récolte.

Dans les campagnes où les fortes gelées ne sont pas trop à craindre, on doit semer aux premières pluies, parce que les fèves premières sont recherchées pour l'exportation dans les grandes villes.

Les environs de Bandol, le quartier de Manteau, à la Seyne, Carqueiranne, etc., etc., sont des endroits où l'on peut faire des primeurs.

DE LA FRAISE.

A Hyères, on plante la fraise régulièrement dans les mois de février et mars. Quand on déchausse les artichauts ou qu'on les bèche de nouveau, on y repique la fraise, et on donne les soins nécessaires à cette plante ; lorsque la récolte des artichauts est finie, on a le soin de couper les artichauts aussi bas que possible, afin qu'ils ne repoussent plus.

On cultive la fraise de plusieurs manières.

Lorsqu'on fait des haricots premiers, on construit des *vaseaux* de 1 mètre à 1 mètre 50 centimètres de large, selon la force d'eau dont on dispose ; on met plusieurs raies de haricots et on repique les fraises dans l'intervalle (1). Lorsque les haricots ont fait leur récolte, on les arrache et l'on donne soin aux fraisiers.

Cette fraise nouvelle a besoin d'être arrosée assez

---

(1) Ou le haricot dans l'intervalle de la fraise.

souvent en été, afin de lui faire faire beaucoup de coulants. Mais à la seconde année, lorsqu'elle a bien tapissé le sol, on la laisse un peu souffrir.

On fume cette plante dans le mois d'août, de la même manière que les prés, avec du fumier bien consommé.

A Hyères, de même qu'à la Valette, on fait les fraises sous les arbres, tels que *pruniers*, *poiriers*, *pêchers*, etc., etc. C'est un très bon procédé, parce que souvent les arbres les garantissent des gelées tardives du mois de mars, qui quelquefois gèlent les nouvelles fleurs.

Ainsi, ceux qui voudront faire la culture des fraises devront planter des arbres fruitiers.

Quelques jardiniers d'Hyères cultivent la fraise ananas ; cette plante serait assez productive, mais le fruit est peu parfumé et craint beaucoup le transport. Je pense que cette fraise, si belle qu'elle soit, sera cultivée seulement dans les jardins bourgeois.

Quoique la fraise demande de l'engrais, il est bon de ne pas faire cette culture en grand dans un terrain très gras : la plante se fait trop belle ; il faut alors lui ôter beaucoup de coulants, ce qui occasionnerait une augmentation de travail et du temps perdu.

La fraise parfumée des bois est celle dont on fait le plus grand commerce aux environs de Toulon, principalement à Hyères, et pourtant il serait à souhaiter qu'on pût la remplacer par une autre espèce, parce que la cueillette en est extrêmement difficile, j'ose dire presque ruineuse pour les jardiniers, à cause de son petit fruit.

J'engage messieurs les amateurs d'agriculture, lorsqu'ils vont voyager en été, et qu'ils passent dans des localités où l'on cultive la fraise, de rechercher s'ils ne découvriraient pas quelque espèce qui pût remplacer la nôtre. Il faudrait que le fruit fût plus gros et que son régime de fleurs s'élançât un peu sur les feuilles, de manière à rendre la cueillette plus facile.

Il ne serait pas indispensable qu'elle fût aussi parfumée que la nôtre, parce que le climat du Midi rend le fruit beaucoup plus parfumé que celui du Nord.

La fraise à gros fruit étant toujours moins parfumée que celle à petit fruit, il serait à désirer que les personnes qui s'occupent de la culture des fraises, soit pour agrément ou pour industrie, en fissent des semis. S'ils obtenaient une espèce de médiocre grosseur, et ayant le pédoncule dépassant un peu le feuillage, ils devraient la conserver, surtout si le fruit était parfumé comme celui de la fraise des bois : ce serait une bonne trouvaille et une espèce destinée à remplacer la nôtre.

DE LA FRAISE

DANS LES JARDINS BOURGEOIS.

J'engage les jardiniers qui font des fraises pour la provision de la maison, à faire des *vaseaux* d'environ 1 mètre, à y placer trois rangées de plantes, en les distançant d'une main ouverte les unes des autres. On doit avoir soin d'ôter les coulants, quelle que soit l'espèce de fraisier, parce que j'ai observé que dans les petites réserves, on met généralement beaucoup de fumier : c'est pour cela qu'on doit prendre cette précaution, si l'on veut avoir du fruit.

DE LA FRAISE.

DES QUATRE SAISONS.

Les jardiniers bourgeois ne doivent pas oublier ce fraisier, que l'on plante en bordure ou en planches, à une distance de 15 centimètres environ. Il ne demande aucun soin, seulement de l'arrosage en été, parce que ce fraisier n'est pas trop rustique. Il faut le renouveler tous les deux ans, et faire cette opération aux premières pluies de septembre. En les éclatant un peu fort, on a encore des fraises en quantité au printemps.

4

Pour ne pas perdre la récolte d'automne, on pourrait en faire une partie à cette époque et l'autre partie en mars.

Il y a une variété de fraise des quatre saisons, des Alpes, qui donne un grand nombre de coulants ; on doit la cultiver à vaseaux, comme j'ai indiqué plus haut.

Cette fraise est très parfumée, se trouve plus belle en automne qu'au printemps, pourvu qu'on ait le soin de ne pas la faire souffrir de la sécheresse en été, et de supprimer sévèrement les coulants.

DE LA FRAISE
SOUS CHASSIS.

Pour cultiver la fraise sous châssis, il faut l'avoir préparée au mois de février, en lui donnant les soins que j'indique. On choisit les espèces les plus précoces et on prépare une plate-bande au midi. Au mois d'octobre, on construit une bâche mixte avec des planches et on couvre avec des panneaux. On arrose au besoin.

Si l'hiver se trouve sec, on peut faire cette manœuvre dans un fruitier, parce qu'en hiver, les arbres étant dépouillés de leurs feuilles, les châssis feront promptement leur effet. Donnez de l'air dans le jour, surtout lorsque les plantes sont en fleur.

Si l'on n'a pas préparé dès le mois de février des fraisiers pour recevoir les châssis, au mois d'octobre on pourra encore obtenir des fraises de primeur. Il faudra au mois de septembre préparer une bâche bien béchée et bien fumée. On prendra des plants de fraisiers un peu forts que l'on placera dans la bâche avec un peu de motte si c'est possible. Il faut avoir soin de ne pas prendre les vieilles plantes, ni des coulants trop jeunes.

Ce genre de plantation est en usage à Hyères, dans la grande culture.

DES HARICOTS

DANS LES JARDINS EN PLEINE TERRE.

On ne peut donner une époque bien exacte pour les premiers haricots qu'on doit confier à la pleine terre ou sous des paillassons. Plus le terrain se trouve susceptible d'être atteint par les gelées tardives, c'est-à-dire dans la dernière quinzaine d'avril, moins il faut s'aventurer de les faire premiers.

Il y a des jardiniers qui commencent dans la première quinzaine de février, mais ils n'en font pas de grandes quantités. Ils choisissent des petits carrés bien abrités, les couvrent de paillassons ou d'une planche, et lorsque vient le 15 avril, qu'ils sont sûrs que les gelées tardives n'y toucheront plus, ils retirent les paillassons, donnent un coup de pioche au milieu et les chaussent légèrement.

Pour cette culture, il faut construire des *raies* au cordeau, à 70 centimètres les unes des autres. Pour être plus sûr de la réussite, il faut relever les raies à 50 degrés, bien au midi, et avec la petite lessadette ouvrir une petite raie bien au midi de la grosse, même à l'empreinte du cordeau, qui est régulièrement au ras de terre. Ensuite l'on met les haricots deux à deux, à 8 centimètres les uns des autres. Il faut couvrir les graines de 2 à 3 centimètres de terre. Le terrain doit se trouver assez frais; afin de faire germer ; si par hasard le terrain venait à sécher avant que la germination fût faite, il faudrait leur donner un peu d'eau avec l'arrosoir.

A cette époque, il convient de faire le noir de Hollande, le quarantain blanc ou toute autre espèce de primeur, et continuer cette culture les mois de février et mars et une partie du mois d'avril, dans la terre forte et argileuse.

Si après le semis, les pluies sont un peu abondantes, il faut au premier jour de beau temps rompre la superficie de la terre qui a été tassée par les eaux, afin d'y faire pénétrer le soleil pour empêcher le haricot de pourrir.

Quoique je dise qu'on peut dans les fortes terres

continuer cette culture une partie du mois d'avril, ce n'est pas précisément pour les espèces que j'ai indiquées ci-dessus.

Rendu à la dernière quinzaine de mars, on doit faire le gourmandon blanc, le bigarré, le bouquetier, le mongette blanc, qui sont des espèces à demi-rame, beaucoup meilleurs que les autres ; mais il ne faut pas s'en servir comme primeur.

Du mois d'avril au 15 août, on doit faire le nankin à rame, le blanc à pois et le gros mongette blanc.

Du 15 août au 1ᵉʳ septembre, il faut faire le mongette blanc à demi-rame. Cette espèce est très estimée aujourd'hui.

Le haricot-beurre est une espèce à rame ; il faut le garnir de longues perches. Il est très excellent en gousse. On doit le faire du 15 juin à fin juillet. Les raies doivent être plus espacées que pour les précédents.

Le haricot biscarlot n'est pas une espèce à rame ; on peut par conséquent le faire servir comme doublage, soit dans les choux-fleurs ou dans les artichauts. Il est très estimé cueilli fin ; mais lorsque les gousses poussent trop vite, soit que le temps manque pour les cueillir, soit que l'on en ait en trop grande quantité, on les laisse venir presque à maturité, et dans cet état ils sont très recherchés sur le marché de Toulon comme sur celui de Marseille.

Je considère ce haricot comme appartenant à la grande culture, parce qu'il est excellent en grains et qu'il produit beaucoup. Il faut ne le faire ni trop premier, ni trop dernier ; c'est-à-dire de mai à juin.

Quoique j'aie signalé le biscarlot comme pouvant être cultivé en doublage, il ne faut s'en servir que dans les plantes que j'ai désignées. Dans les céleris et brocolis, il faut cultiver le quarantain blanc ; cette espèce se fait moins grosse ; on peut l'employer jusqu'aux premiers jours de septembre.

Les haricots semés au mois d'août doivent être cueillis en gousses fraîches.

DES HARICOTS

SOUS CHASSIS.

Les jardiniers qui veulent continuer à avoir des haricots, doivent les préparer dans la dernière quinzaine de septembre, sous bâche ; nous disons seulement les préparer, pour y mettre les châssis plus tard, parce qu'ils pousseraient trop vigoureusement et rattraperaient ceux de la pleine terre.

Dans le courant du mois d'octobre, lorsque les gelées blanches ou les pluies froides commencent à venir, il faut mettre les châssis, en ayant soin de donner beaucoup d'air dans la journée.

On peut en faire également dans le courant d'octobre ; mais il faut, en les faisant à cette époque,
donner aux châssis une pente de 45 à 50 degrés. On
ne doit pas les arroser, à moins que l'hiver ne soit
très sec, parce que dans cette saison l'humide se
communique facilement par les terres qui entourent
les châssis. Il faut donner de l'air dans la journée,
surtout lorsque les plantes sont en fleurs. Il est bon
de ne pas en faire en trop grande quantité, parce
que lorsque les jours diminuent, cette culture devient
très difficile.

Vers la dernière quinzaine de décembre, on peut
commencer à faire des haricots sous bâche, en ayant
soin de tenir les châssis bien écrasés ; c'est-à-dire
aussi près de terre que possible. Dès que les haricots
seront bien levés, il faut relever les châssis.

Le haricot demande beaucoup d'air dans la journée. Il ne faut pas lui donner trop de fumier, surtout
si le terrain se trouve gras.

Si le terrain était sec au point de faire souffrir la
plante, ce que l'on reconnaîtra aux feuilles qui se
roulent, on pourrait donner de l'eau, en ayant soin
de butter la plante de manière à ne pas inonder le
pied. Il faut continuer ce traitement jusqu'à la première quinzaine de mars.

Quoique j'aie dit qu'on peut en confier à la pleine
terre dans la première quinzaine de février, ceux

faits sous bâche dans le mois de mars gagneront encore de l'avance.

Pour cette culture, il faut employer le quarantain blanc, le noir de Hollande ou toute autre espèce précoce.

DES HARICOTS

A LA CAMPAGNE.

Les haricots de primeur doivent jouer le plus grand rôle dans les campagnes.

Toutes les expositions au midi qui possèdent le terrain de gravette fine, schisteuse ou calcaire, sont très propres à cette culture. Moins l'exposition sera exposée aux gelées tardives du mois d'avril, plus on pourra les faire de bonne heure.

Si l'exposition est bien abritée, on pourra les confier à la pleine terre dans la première quinzaine de février, en ayant soin d'employer les qualités que j'indique pour la culture des primeurs des jardins, et le même procédé de culture.

Comme dans les campagnes le terrain se trouve moins exposé aux gelées que dans les jardins, si on ne met pas de paillasson, il faut rapprocher les raies beaucoup plus les unes des autres, parce que les haricots premiers ne se font pas gros. Il faut continuer cette culture tout le mois de mars ; il vaut mieux courir la chance des gelées tardives que de les avoir trop tard.

Je recommande particulièrement pour cette culture le quarantain blanc ; ce haricot se met à fruit très rapidement ; en le cueillant fin pour primeur, il donne beaucoup de fruit.

Il a encore l'avantage que si dans le mois de juin le haricot à demi-rame, qui est meilleur en gousse, venait à faire tomber la vente, on peut alors le laisser sécher, parce qu'en grain il est excellent ; je crois même qu'il n'y en a pas de meilleur.

Dans les campagnes occupant des bas-fonds, c'est-à-dire qui craignent moins la sécheresse, mais qui sont exposées à des gelées tardives, on doit les faire dans la première quinzaine d'avril. Il faut employer le gourmandon blanc, le bigarré, le bouquetier, le mongette blanc, etc., etc.

Quoique le haricot ait le renom de n'être pas gourmand de fumier, il ne faut pas le ménager, surtout dans les campagnes où généralement les terrains sont maigres.

Tout fumier lui convient.

On peut à la campagne, dans certaines positions, avoir des haricots derniers ; mais il faut préparer le terrain dans le courant de l'été, le bien bêcher, le fumer et bien l'aplanir. Ensuite on ouvre une petite raie de quelques centimètres de profondeur, et lorsque vient une petite pluie, vers la fin d'août ou au commencement de septembre, on met les haricots en terre, le jour même de la pluie; on les recouvre et on aplanit le terrain afin que l'humidité se conserve pour faciliter la germination. Cette culture ne doit être pratiquée que dans les endroits un peu abrités et qui ne sont pas exposés à souffrir des premières gelées.

DE LA LAITUE RONDE

DANS LES JARDINS.

On commence à semer la laitue blanche d'été dans les premiers jours de janvier; à cette époque, on en sème deux fois par mois.

Nos jardiniers se servent de cette plante pour doubler les choux, les céleris, les poireaux, etc.

Lorsque vient le mois d'avril, il faut en semer quatre fois par mois, et pendant tout l'été il faut avoir soin de ne pas les laisser vieillir en jeunes plants, parce qu'ils monteraient tout de suite en graine.

Lorsque viennent les fortes chaleurs de juin, il faut, avant de faire le semis, mettre la graine à tremper au moins vingt-quatre heures dans l'eau. Il faut arroser tous les deux jours, jusqu'à ce qu'elle commence à lever. Dans le cas où l'on ne pourrait pas donner suffisamment de l'eau, il faudrait couvrir les semis d'un paillasson, et ne découvrir que le soir du jour où ils commencent à lever.

DE LA LAITUE D'HIVER.

Vers le 15 août, on commence à semer la laitue rouge, la blanche ou la laitue de passion. On doit avoir soin, à cette époque, d'en semer un peu plus à la fois et d'en faire moins souvent, parce que les plantes se conservent mieux. Pendant le mois de septembre, on doit bêcher les porte-eau (portadou), les espaliers et les courants.

Les maraîchers de Toulon entendent par espaliers, des carrés de terre dont l'un se trouve en contrebas de l'autre. Il y a entre ces deux terres un espalier de 1 mètre et quelquefois plus, qu'on bêche à cette époque et qu'on dispose à une pente de 30 à 40 degrés, et, lorsque les chaleurs ne sont pas aussi fortes, on y plante la laitue, en distançant les plantes de 20 centimètres. Ce procédé rend de bons services.

En hiver, on en fait aussi des planches à plein, avec des bancs-hauts de 15 à 20 degrés. On met de cinq à six rangées, selon la grandeur que l'on a donnée aux bancs-hauts. On continue cette culture pendant tout l'hiver. On en met aussi dans les fèves, les artichauts-seconds et autres.

DE LA LAITUE LONGUE

DANS LES JARDINS.

On commence à semer la laitue longue, nommée cabusse par les jardiniers, dans la dernière quinzaine d'août. A cette époque, on n'en fait pas en grande quantité, parce qu'elle pomme trop vite et que la chicorée nuit à la vente. Mais dans la première quinzaine de septembre on en sème de plus grandes quantités. Les plants sont bons à repiquer vers la fin d'octobre.

A partir de ce temps, c'est la véritable époque pour cette culture ; aussi doit-on en repiquer de grandes quantités jusqu'au mois de février. Les premières sont bonnes à cueillir au mois de mars, époque où la chicorée monte en graine.

En janvier, on doit semer la laitue romaine, parce que cette plante est moins susceptible de monter en graine dans l'été.

On peut semer cette espèce jusqu'au mois d'avril, mais à cette époque il ne faut pas laisser vieillir les plants ; il faut les repiquer aussitôt qu'ils sont bons, autrement ils monteraient en graine.

Pour la culture de la laitue, il faut faire de petites raies de 25 à 30 centimètres les unes des autres, bien au midi, et repiquer les plants à une distance de 25 centimètres les uns des autres. On doit pratiquer ces raies pendant tout l'hiver ; mais lorsque vient le mois de mars, on doit faire la laitue dans des vaseaux et la repiquer à la même distance.

DE LA LAITUE RONDE

A LA CAMPAGNE.

On peut, au moyen d'un puits, se procurer des milliers de plants de laitues à la campagne.

Il faut, dans le courant du mois d'août, faire tremper la graine pendant vingt-quatre heures, la semer le soir, à la tombée de la nuit, donner de l'eau avec un arrosoir, assez copieusement, et couvrir avec un paillasson ou avec des branches d'arbres.

Il faut, le lendemain, y jeter encore un peu d'eau avec la pomme de l'arrosoir, et continuer cette manœuvre pendant quatre ou cinq jours. Lorsque les plants commenceront à paraître, on les découvrira le soir et l'on arrosera de nouveau. On continue ensuite à donner de l'eau selon les besoins, en attendant les premières pluies.

Le terrain doit être préparé d'avance, de manière

à ce que l'on puisse repiquer les plants aussitôt qu'il pleut ; à défaut, l'on serait obligé d'attendre une nouvelle pluie pour les faire reprendre. A cette époque, il est bon d'en semer de nouveau, et comme dans nos contrées les pluies ne se succèdent pas généralement, il est bon de donner les mêmes soins.

Il faut semer de la laitue ronde deux fois par mois, jusqu'en mars, en observant les dispositions que j'indique pour les jardins. On doit pour cette culture faire des bancs-hauts d'un plan incliné de 8 à 10 degrés, ou bien, si c'est dans un endroit abrité, on pourra la faire à terrain uni.

La laitue demande à être bien fumée.

DE LA LAITUE LONGUE

A LA CAMPAGNE.

Il faut, dans la première quinzaine de septembre, semer la laitue longue. Si l'on a l'intention d'en faire un grand commerce, on pourra en semer beaucoup, parce que les plants de cette époque se conservent longtemps. En les repiquant aussitôt qu'ils sont bons, la plante arrive au moment où elle est très recherchée pour l'exportation. Si les pluies ne sont pas fréquentes au moment de la mise en terre, il faut donner les mêmes soins que j'indique pour la laitue ronde.

On peut semer la laitue longue jusqu'au mois de mars, en ayant soin d'observer les indications que je donne pour la culture de cette plante dans les jardins.

La laitue ne demande pas grand guéret, mais elle est très avide de fumier.

DU MELON

A LA CAMPAGNE.

La culture de cette plante est connue de tous les agriculteurs de nos contrées, néanmoins il est bon de faire envisager certaine manière de la cultiver, pour avoir le fruit premier autant que possible.

On peut à la campagne, dans les plus mauvais terrains, avoir des melons assez premiers. Il faut pour cela recaver, avoir un terrain exposé au soleil, non ombré par les arbres, et choisir dans les espèces cantaloup les qualités les plus précoces.

Il ne faut pas que le terrain soit d'argile forte ou de blanquière, parce que ce genre de terre ne pousse la plante que très tard.

Mais dans tout terrain de gravette fine, soit schisteuse ou calcaire, on peut faire des melons pour primeur.

On doit vers la dernière quinzaine de février faire lever les melons sous un panneau.

Si par hasard on avait à craindre pour les rats, comme cela arrive fréquemment dans les campagnes, on sème les graines très dru dans un vase, de manière à ce qu'elles se touchent, en ayant soin que le vase ne soit pas tout-à-fait plein, c'est-à-dire à un centimètre près; on recouvre le vase d'un carreau de vitre et on met le vase sous panneau. Aussitôt que les graines commencent à lever, on les repique sous bâches, à une distance de cinq centimètres environ, ou mieux dans de petits vases, parce que le melon craint la transplantation.

Quand les plantes ont trois feuilles, il faut les pincer et leur en laisser deux.

Pincer ensuite ces deux bourres pour en faire quatre, ainsi de suite jusqu'à ce que les plantes soient sur huit branches.

Une fois sur huit branches on les pince toujours sur une bourre, en ayant soin d'enlever la fausse bourre appelée *agassin*. C'est alors que les plantes se mettent à fruit. On taille toujours jusqu'à ce que les fruits soient arrivés aux trois quarts de leur grosseur. (1)

Il est bon en ce moment de laisser un peu faire

---

(1) On doit, à cette époque, couper tous les fruits avortés.

les plantes, parce que le fruit même retient la végétation.

Une fois que le fruit est bien formé, on commence encore à ôter du bois; il faut couper à peu près à l'endroit où on les avait abandonnés, afin de leur donner de l'air et du soleil, car c'est la chaleur qui fait la bonté du fruit.

On sait parfaitement que les melons cultivés dans le midi de la France, sont meilleurs que ceux qu'on obtient dans le nord, par conséquent donnez du soleil au fruit.

Il faut avoir soin dans la période où je conseille de laisser pousser le pied du melon, de toujours enlever les feuilles susceptibles de couvrir le fruit.

Quant à la grosse terre argileuse ou blanquière, on peut parfaitement y faire des melons, mais il faudra se contenter de les faire au trou. Dans ces conditions le fruit n'étant guère mûr que vers le quinze août, on perdrait son temps si on voulait les avoir plus premiers.

On doit pour cette culture faire les espèces que l'on cultive du côté de Cavaillon en Provence.

Il faut donner plus d'espace aux plantes que pour les qualités que l'on cultive pour primeurs. On doit par conséquent les moins tailler.

DU MELON
DANS LES JARDINS.

La culture du melon, comme primeur, dans les jardins, est la même que celle que je donne pour les campagnes.

Il faut avoir soin de bêcher le terrain aussi profondément que possible ; de cette manière on n'aura pas besoin d'arroser les plantes de si bonne heure, car arroser le melon sans besoin, c'est le retarder d'une vingtaine de jours.

On reconnaîtra si la plante a besoin d'être arrosée, en touchant la terre avec le dessus de la main ; si l'on trouve une chaleur assez forte, on pourra arroser, en ayant soin de ne pas innonder le pied de la plante, surtout la première fois.

Je pourrais donner un autre moyen de constater la sécheresse, mais il faut s'en tenir au plus pratique.

DU MELON
SOUS CHASSIS.

Si l'on veut cultiver les melons sous châssis, on pourra les faire lever de la même manière que j'ai indiquée à la culture de cette plante dans les campagnes, mais les faire un peu plus tôt.

Il faut avoir des bâches bien fermées, ouvrir les panneaux dans la journée, de dix centimètres, de manière à donner de l'air, baisser les panneaux de bonne heure, c'est-à-dire vers deux heures, en retardant la fermeture à mesure que les jours grandissent. Il faut couvrir avec des paillassons avant le coucher du soleil, à l'effet de maintenir la chaleur pendant toute la nuit.

Il sera facile de se rendre compte si les plantes ont eu froid ou chaud; si la chaleur s'est maintenue toute la nuit dans la bâche, les plantes seront mouillées; si par contre les plantes ont eu froid, elles seront sèches.

Quand les plantes de melons se mettent à fruit et que ces derniers sont de la grosseur d'une noix, il faudra donner un peu plus d'air.

La taille est la même que pour la culture en plein champ.

Quant au fumier plus on en mettra, mieux cela vaudra.

DU MELON DE CAVAILLON

DANS LES CAMPAGNES.

Pour faire la culture du melon de Cavaillon, il faut se procurer beaucoup de graines, et les faire au trou vers la dernière quinzaine de mars, en ayant soin de les mettre à la distance indiquée.

Quinze jours après on fait encore un trou dans l'intervalle.

Quand vient la fin d'avril et que l'on ne craint plus les gelées blanches, on laissera ceux qui ont le mieux réussi. Les derniers que l'on a faits, sont quelquefois plus beaux que les premiers, parce-qu'ils ont moins souffert des eaux froides. Il faut les tailler jusqu'au fruit, et quand il a noué, laisser faire.

Cette espèce de melon n'est pas à dédaigner et si le terrain lui convient, on peut en avoir de mûrs vers la fin de juillet.

Même culture pour le melon d'Espagne et le melon d'hiver.

MACHE OU DOUCETTE.

On peut semer la mâche à partir du mois d'août jusqu'au mois de mars ; cependant la véritable épo-que est septembre et octobre.

On sème à la volée.

Tout terrain convient à cette plante.

Au mois d'août il faut la semer de préférence à l'ombre.

On peut cultiver la mâche à la campagne en la semant lorsque les premières pluies arrivent.

Même culture que pour les jardins.

DU NAVET

DANS LES JARDINS.

Depuis que le Comice Agricole de Toulon a introduit l'exellente variété de navet *des Vertus,* notre marché en est approvisionné toute l'année.

On sème cette espéce dans toute saison, mais dans les trois derniers mois de l'année, elle réussit moins bien. La véritable époque est à partir du mois de janvier jusqu'au mois de juin.

Il faut avoir soin de les faire très clairs, parce qu'ils font beaucoup de feuilles et pour peu qu'ils soient épais, ils ne forment pas de racine.

Du mois de juin au mois de septembre on peut semer toutes les espèces de navets.

DU NAVET

DANS LES CAMPAGNES.

Pour la culture des navets dans les campagnes, on doit préparer le terrain en été, le fumer, le bêcher et bien aplanir.

A l'apparition des premières pluies, pour peu qu'elles soient abondantes, on sème les navets, on aplanit bien le terrain de manière à ce que l'humidité s'y conserve pour faire germer la graine. Une fois la graine levée, on n'a plus rien à craindre, quand même il resterait un mois de pleuvoir, la plante ne meurt point.

Comme il arrive que dans le mois d'août et de septembre, il ne tombe pas quelquefois deux millimètres d'eau, et que par conséquent on n'a pas pu faire lever des navets, il ne faut pas renoncer à cette culture, on peut en faire dans les premiers jours d'octobre ; seulement, il faut avoir recours au navet de Signes, à l'exclusion du gros navet blanc d'Ollioules et du rond de Gardanne.

DE L'OIGNON

DANS LES JARDINS.

L'oignon se sème dans la dernière quinzaine de juillet ; on doit semer le blanc, parce qu'il est le plus hâtif.

On peut dans le mois d'août semer également le rouge d'Ollioules. C'est une espèce que l'on cultive généralement ; bien qu'il en monte quelques-uns en graine, on ne s'en inquiète pas, parce que tous les oignons semés à cette époque sont repiqués dans le mois d'octobre et cueillis dans les trois premiers mois de l'année. On ne leur laisse pas faire la tête, on les arrache aussitôt qu'ils sont de la grosseur du petit doigt. Ces oignons sont très estimés en Provence, surtout dans le département du Var.

Les oignons semés en septembre et octobre, sont repiqués en janvier.

On les cueille généralement plus gros, lorsqu'ils ont la tête comme un œuf.

Ceux qu'on repique dans le mois de mars et avril, doivent être mis en terre de manière à ce que la racine soit à peine couverte. Ils font alors de plus grosses têtes ; on les laisse bien mûrir. Ces oignons servent à la consommation des charcutiers.

Dans les anciens jardins, où les terrains se trouvent très gras, les oignons semés premiers ne viennent pas bien. Ce n'est que vers septembre qu'on peut les réussir.

On peut néanmoins en semer dans le mois d'avril. On les sème bien épais et on laisse sécher sur place. On obtient des têtes grosses comme des billes, que l'on a soin de ramasser pour les remettre en terre au mois d'août ; on obtient alors des oignons tendres dans le mois de novembre. Cet oignon devrait remplacer l'échalotte.

Les oignons doivent être faits par petites rangées

de vingt-cinq centimètres et les plantes à cinq centimètres les unes des autres, mais ceux que l'on doit
laisser mûrir doivent être plus espacés.

CULTURE DES OIGNONS
DANS LES CAMPAGNES.

On peut cultiver l'oignon dans les campagnes aussi bien que dans les jardins.

La graine d'oignon germe facilement ; il suffit de posséder un peu d'eau et au moyen d'un arrosoir on peut se procurer un assez grand nombre de plants, en ayant soin d'arroser le soir, afin que l'ardeur du soleil ne les dessèche pas aussi vite.

Il faut avoir le soin de ne pas trop enterrer la graine, et de la tenir humide en lui donnant la même culture que celle que j'ai indiquée pour les jardins.

Les oignons qu'on veut laisser mûrir sur tête, on doit les faire moins tard que dans les jardins, afin que la sécheresse ne les atteigne pas, car dans ce cas, l'on n'obtiendrait que des têtes grosses tout au plus comme des œufs, et impropres à la vente.

La culture de l'oignon peut se faire dans les campagnes de la même manière que dans les jardins ; il suffit de les faire un mois plus tôt, afin de les garantir de la sécheresse et de leur permettre de nouer leur petite tête.

En les mettant en terre aux premières pluies du mois d'août, on en aura aussitôt que dans les jardins.

Cette plante vaut beaucoup mieux que l'échalotte.

DE L'OSEILLE.

Cette plante se met en bordure, le long des chemins, et c'est par éclat que l'oseille se multiplie : On peut parfaitement en faire à la campagne; en été, elle sèche, mais aux premières pluies elle repousse vigoureusement.

Elle rend encore de bons services.

DU PERSIL.

Le persil peut se semer en toute saison, cependant la véritable époque est en février et mars. On peut en semer dans les campagnes aussi bien que dans les jardins.

On peut à la campagne, en faire, même dans les plus mauvais terrains; la plante reste sèche tout l'été, mais elle pousse vigoureusement aux premières pluies, et on en cueille tout l'hiver.

DE LA PASTÈQUE
OU MELON D'EAU.

Pour avoir des pastèques à la campagne, il faut nécessairement recaver, et tâcher de les faire d'un peu bonne heure, c'est-à-dire au mois de mars, soit au trou, ou sous châssis pour les replanter. Ce fruit étant recherché à l'époque des grandes chaleurs, il faut faire son possible pour l'avoir dans les mois de juillet et août, car une fois les chaleurs passées, la pastèque n'a plus aucun prix.

Cette plante demande a être plus espacée que le melon parce qu'elle ne se conduit pas.

Plus elle a du large, plus elle donnera de beaux fruits.

La pastèque à graines rouge et à chair dure est une plante très rustique, elle donne beaucoup de fruits et rend de bons servics dans le mois de septembre pour les confitures.

DU POIREAU.

On sème le poireau au mois de février, à la volée, pour le repiquer en mai, juin et juillet. On peut en semer aussi au mois d'avril pour le repiquer au mois d'août et de septembre.

Un jardinier ne doit jamais laisser passer le mois de juin sans en repiquer de très grandes quantités.

Au mois de septembre, les jardiniers en sèment en raie, pour les cueillir jeunes au mois d'avril, mais à cette époque on en fait peu, parce qu'il monte en graine.

C'est au mois de décembre qu'on commence à en faire en plus grande quantité, mais ceux-ci, on ne les repique pas, on les cueille sur place.

DU POIREAU
A LA CAMPAGNE.

On peut aux endroits *bon fond*, qui ne craignent pas trop la sécheresse, faire des poireaux, mais on doit, pour cette culture, faire les semis en janvier et repiquer aussitôt qu'ils sont bons, de manière à les faire profiter encore des dernières pluies pour qu'ils puissent se faire un peu forts.

On doit avoir soin de bien sarcler, et aux premières pluies, les poireaux repoussent vigoureusement. On peut en faire à la raie d'octobre en novembre.

DE LA POIRÉE.

La poirée à carde est la meilleure qu'on puisse cultiver. On doit la semer de février en avril et la repiquer aussitôt que les plants sont bons. Il faut la faire en bordure ou dans des planches, mais dans des endroits où l'on ne saurait faire venir autre chose.

Elle réussit parfaitement à la campagne parce que c'est une plante très rustique.

DE LA POMME DE TERRE
DANS LES CAMPAGNES.

Tout le monde connaissant la culture de la pomme de terre, je dois m'occuper d'autres détails relatifs à cette plante.

Nos trois départements du Midi, les Alpes-Maritimes, le Var et les Bouches-du-Rhône, sont appelés à fournir des pommes de terre nouvelles aux départements du Nord.

C'est principalement dans les *adroits* du littoral de ces trois départements qu'on peut en avoir à partir du mois de janvier. On a lu le fait que je cite dans la préface relativement à cette plante. Pourtant dans toutes les positions qui sont peu exposées aux gelées tardives, on peut commencer à semer la pomme de terre en janvier et février ; il vaut mieux courir le risque d'une gelée que de se mettre trop en retard, car en admettant qu'une gelée atteigne les plantes, le mal sera général, et si l'on fait une demi récolte on sera sûr de vendre ses produits deux fois plus cher.

Les pommes de terre que l'on sèmera vers le 15 mars, seront encore demandées pour l'exportation,

parce que notre climat, très chaud à cette époque,
les pousse vigoureusement. Mais il est bon de se
procurer autant que possible les espèces pour primeurs, telle que la *marjolin*, la *schaw précoce* et autres. A mon point de vue c'est la schaw précoce qui
doit remplir le but.

Je dois faire observer que dans nos contrées, la
pomme de terre doit se renouveler souvent. Un fait
digne de remarque, c'est que si l'on fait les pommes
de terre venant de la montagne, récoltées au mois
de septembre, en même temps que celles que l'on a
récoltées soi-même en juin, la récolte des premières
sera en retard de vingt jours au moins, ce qui est
beaucoup, lorsqu'il s'agit de primeurs.

Il faut donc faire celles que l'on achètera pour
renouveler la semence, à la fin de mars, pour les
récoltes mûres en juin. On les gardera toutes pour
semence de primeurs.

On doit à la campagne, surtout dans les endroits
où l'on sème la pomme de terre, en janvier et février,
se défier de la sécheresse du mois de mars, qui ne
manque presque jamais. A cet effet, aussitôt que les
pommes de terre sont bien levées, il faut les chausser
légèrement ; de cette manière on les garantira toujours un peu des premières gelées et on maintiendra
la fraîcheur de la terre. Dans le cas où l'on aurait
une pluie dans le commencement de mars, signe

précurseur du mistral à cette époque, il faudra dès que la terre commencera à sécher, un peu biner pour prévenir la sécheresse.

Comme dans les campagnes le terrain est généralement maigre, il est bon, pour cette culture, de mettre le fumier à la raie. Beaucoup de personnes ont l'habitude de mettre d'abord la pomme de terre et le fumier dessus. C'est une erreur, il faut mettre la fumier dessous et la pomme de terre dessus.

On peut couper pour la semence la grosse pomme de terre en deux ou quatre parties, selon la grosseur du tubercule. La semence la plus convenable est la pomme de terre qui est grosse comme un œuf, qu'on devra laisser entière.

Tout fumier convient à la pomme de terre, l'essentiel est d'en mettre beaucoup.

DE LA POMME DE TERRE
DANS LES JARDINS.

Dans les jardins on peut suivre la même marche que j'ai indiquée pour la campagne, seulement, il faut avoir égard, comme je l'ai déjà dit, à la position du terrain. Plus il est abrité, plus on devra s'y prendre de bonne heure. Quoique la campagne vienne faire concurrence aux jardins sur le marché, il ne faut pas pourtant négliger cette culture, parce

que l'on a une ressource dont la campagne est dépourvue, je veux dire l'arrosage. Il arrive malheu-
reusement, et trop souvent, que le printemps est
sec; dans ce cas, comme la pomme de terre tient
ses racines presque à la superficie de la terre, vingt-
cinq jours ou un mois de sécheresse suffisent,
lorsque la pomme de terre est à moitié fruit, pour
lui faire perdre la moitié de son développement. On
peut, dans les jardins, remédier à cette dificulté en
arrosant, et par ce moyen sauver la récolte.

On pourra, également dans les jardins, faire des
pommes de terre secondes jusqu'aux premiers jours
de juin. Cette culture n'est pas à dédaigner, parce
que le tubercule se conserve mieux.

La pomme de terre est très avide de fumier. On
doit, dans les terrains maigres, mettre le fumier à
la raie, afin que la plante en profite mieux. Cette
plante demande à être chaussée aussitôt qu'elle est
un peu avancée.

DES POIS

DANS LES CAMPAGNES.

Le littoral de nos trois départements : les Alpes-
Maritimes, le Var et les Bouches-du-Rhône peuvent
nous fournir des pois tout l'hiver, mais on doit, à
cet effet, se munir des espèces convenables. Le

pois nain à châssis est celui qu'on doit faire le premier. Il faut préparer le terrain de manière à ce que, si dans le mois d'août il tombe de la pluie, on puisse les faire. Les raies ayant été ouvertes d'avance, il faut les semer le jour même de la pluie, en ayant soin de bien aplanir le terrain avec la trinque, pour que la fraîcheur se maintienne et facilite la germination.

Beaucoup de personnes ont reculé devant cette excellente variété de pois, par la raison qu'elle ne produit pas assez; c'est à tort. La culture de cette plante n'a pas été comprise.

Le pois basset ordinaire demande cinquante centimètres, tandis que le nain à châssis n'en exige que trente-cinq. Les personnes qui ont un terrain convenable pour cette culture, doivent se munir de beaucoup de semences parce que sur la même superficie de terre on en met le double.

Toutes les persounes qui possèdent sur le littoral, des terrains bien abrités, doivent faire la culture du pois nain à châssis. Mais dans les terrains susceptibles d'être atteints par les fortes gelées d'hiver, on doit, dès le mois de septembre, s'abstenir de faire cette espèce, parce que les gros froids du mois de janvier les atteindraient en plein fruit.

Une chose remarquable pour cette espèce de pois, c'est que l'on peut en faire dans les terrains où l'on

avait été obligé d'abandonner cette culture par l'in
vasion des orobanches (*asperges*). Pour cela il faudra les semer dans la première quinzaine de janvier. Les jours en grandissant, les plantes pousseront vigoureusement et l'orobanche n'aura pas le
temps de nouer sur la racine. On obtiendra ainsi les
petits pois à une époque où ils seront encore deman-
dés pour l'exportation.

Le pois ne demande pas grand guéret. Il réussit
très bien dans les terrains schisteux. On peut donc
dans les plus mauvais côteaux, même ceux couverts
de bruyères, de romarins, de chêne au kermès,
d'ajoncs, de cistes, en détruisant toutes ces plantes,
pour peu qu'il y ait de la terre végétale, faire la
culture des pois. En ayant recours aux espèces
convenables, on pourra en avoir pendant tout
l'hiver.

Les pois sont recherchés pour l'exportation jusqu'au mois de mai.

Voilà pour la culture des côteaux et des *adroits*
abrités ; voyons maintenant les moyens d'avoir des
pois dans les terrains où les gelées se font sentir
tout l'hiver.

Il faudra se procurer les espèces demi-rame.

L'on ouvrira de fortes raies, au fond desquelles on
sèmera les pois, et lorsque les plantes commenceront à monter, on les chaussera en se servant de la

terre qui aura été relevée en talus au nord des plantes. Quand elles auront encore poussé , on les chaussera une seconde fois, et si le besoin le demande, on les chaussera une troisième fois, en ayant soin de maintenir toujours une bonne butte de terre sur le pied, afin qu'il ne puisse pas repousser. Cette précaution doit être prise pour garantir les plantes du mistral impétueux qui suffirait pour les détruire dans une journée.

On doit se contenter de les faire, selon l'exposition dont on dispose, du mois de décembre jusqu'au mois de février. On aura la récolte lorsque celle des côteaux aura fini.

Dans le nord des trois départements, où les gelées premières se font vivement sentir, surtout dans les Bouches-du-Rhône, on doit faire les pois un peu plus premiers, c'est-à-dire dans la première quinzaine d'octobre. Lorsque les premières gelées arrivent, c'est-à-dire vers la fin de novembre, les plantes ont quelques centimètres de hauteur, et leur végétation est alors comme suspendue jusqu'à la fin de janvier. Quand le soleil commencera à monter, les pois pousseront vigoureusement. On pourra donc en avoir encore de bonne heure.

J'ai étudié cette culture à Château-Renard, département des Bouches-du-Rhône.

DES POIS

DANS LES JARDINS.

Les jardiniers doivent étudier leur position et suivre la marche que j'ai indiquée pour la culture de cette plante dans les campagnes.

Les jardiniers ne disposant pas d'une étendue de terrain aussi grande que dans les campagnes, parce que les loyers de la terre sont plus chers, les pois récoltés dans ces derniers terrains, leur feront sans doute concurrence sur le marché, mais ils disposent d'une ressource dont la campagne est dépourvue ; c'est l'eau. Au moyen des irrigations le jardinier peut avoir des pois lorsque la campagne aura fini sa récolte. Il est vrai que notre climat du midi de la France n'est pas très propice pour la culture de cette plante en été. Il y a cependant le pois gourmand à rame que l'on peut faire dans les mois de mars et avril. C'est une excellente espèce. Il faut y mettre de longues rames et les bien consolider les unes avec les autres, parce que les plantes se font très hautes.

Il faut avoir soin de pratiquer les raies nord et sud et de leur donner un mètre vingt-cinq centimètres de distance. Cette précaution est indispensable, pour empêcher les plantes de se faire ombré les unes aux autres pendant toute la journée, ce qui serait cause que la récolte serait perdue en grande partie.

De mai en juin, on doit faire le pois michaux. Cette espèce ne se fait pas aussi longue ; on pourrait la cultiver comme j'ai indiqué pour la campagne, aux espèces demi-rame. Tout le restant de l'été, il faudra s'en tenir au pois nain à châssis ; mais pour cette culture, il faudra s'approvisionner de beaucoup de semences, parce qu'il faudra les semer très épais et ne donner que trente centimètres de large aux raies, attendu que ces plantes ne se développent que peu en été.

Quand on disposera de fumier de litière, il faudra le réserver pour la culture des pois, car cet engrais leur convient beaucoup

DU PIMENT.

Il faut semer le piment à la même époque que l'aubergine. On peut le faire lever sur une bonne couche de litière et le repiquer lorsqu'il a six centimètres de hauteur. Si par hasard on se trouvait en retard, comme cela arrive quelquefois dans les cultures, il faudrait éclaircir les plantes de manière à leur donner cinq centimètres de distance, de cette manière on pourrait les extraire facilement avec une petite motte. Lorsqu'on veut les mettre en place, il faut autant que possible choisir une époque où la terre soit humide ou bien l'arroser d'avance et ne plus mouiller les plantes jusqu'à ce qu'elles aient bien travaillé.

Le piment aime beaucoup l'engrais et l'arrosage fréquent pendant tout l'été.

Les vaseaux doivent avoir soixante centimètres de large et les plantes vingt centimètres de l'une à l'autre.

Comme le piment demande beaucoup d'eau en été et qu'il ne fructifie qu'à l'époque des fortes chaleurs, on ne peut pas en faire de grandes quantités dans les campagnes. On doit se contenter d'en faire quelques plantes à côté d'un puits, afin de pouvoir les arroser,

DE LA PATATE DOUCE.

La patate est cultivée dans les environs de Toulon depuis plus de cinquante ans. C'est M. Robert, ancien directeur du Jardin Botanique de la Marine, qui s'est occupé le premier, d'une manière sérieuse de cette culture. J'ai lu dans un de ses écrits que la plus grande difficulté était de conserver le tubercule et non de faire produire un grand nombre de kilogrammes sur une petite superficie de terrain.

M. Robert, avait sous ses ordres, M. Joseph Auzende, aujourd'hui jardinier en chef de la Ville. Cet excellent botaniste avait pris à cœur la vulgarisation de la culture de cette plante, au point que tous les ans il en distribuait à tous ceux qui lui en demandaient.

M. Auzende a décrit la culture de la patate dans les *Annales provençales* de 1852. La plus grande difficulté qu'il signale est encore la conservation du tubercule en hiver.

Depuis quelques années, je m'occupe de la culture de la patate, et je remarque que dans les années de froids rigoureux, en avril et mai, les plantes me sont demandées en plus grande quantité. C'est par là que je reconnais la difficulté de la conservation. (1) Au printemps de 1864 des personnes sont venues me demander des tubercules de patates, et si j'avais pu disposer d'une certaine quantité, on m'en aurait donné jusqu'à 4 francs du kilogramme. Au mois de juin j'en livrais encore, et beaucoup de personnes n'ont pu en faire tout le terrain projeté. En septembre et octobre, les patates se vendent sur le marché de Toulon de vingt à quarante centimes le kilogramme et quelquefois moins.

---

(1) En 1864 nous avons eu à Toulon 8 degrés de froid.

La difficulté de les conserver fait que tout le monde se hâte de s'en défaire.

A mesure que l'hiver devient rigoureux, les patates augmentent de prix, et au mois de mars on n'en voit plus sur le marché. A Paris et à Lyon, les plants se vendent de quarante à cinquante centimes; à Toulon cinq centimes, et à Alger un franc le cent. Cette variation dans les prix, qui est en rapport avec la différence des climats, nous démontre avec évidence que la plus grande difficulté est la conservation du tubercule.

M. Robert et M. Auzende que j'ai cités plus haut, mettaient les patates avec du sable et de la terre de bruyère dans des barriques et les plaçaient près du foyer ; M. Jacques Picon, jardinier aux *Routes* les mettait simplement dans un couffin, qu'il pendait dans son écurie près la tête de son cheval.

Comme je me plais beaucoup à m'instruire sur la culture de cette plante, quand je vais chez quelque propriétaire ou fermier qui s'en occupe, je lui demande s'il en a récolté de belles et quel moyen il prend pour les conserver. J'allai un jour chez M. Cadière à Plaisance, il m'en fit voir sur la cheminée de son salon qui avaient des bourgeons de quelques centimètres de long ; c'était à l'époque du mois de mars.

M. Auzende, jardinier de la ville en a mis sur

une étagère dans sa serre, qu'il a passées d'une année à l'autre ; elles ont fait des pousses de près d'un mètre de long.

Je pense que les personnes qui voudraient faire la culture de la patate sur une grande échelle pourraient parvenir à conserver ce tubercule en hiver, en construisant un placard fermant bien hermétiquement, avec des étagères. On n'aurait qu'à faire passer dans ce placard le tuyau d'un poële, qui servirait en même temps aux besoins du ménage. Ce procédé serait très facile surtout dans les localités, où l'on fait la cuisine et le chauffage de cette manière.

Je pense que nous serons obligés de laisser la culture de la patate, aux localités éloignées des grands centres de population. Quoique la patate soit d'un assez joli produit, elle n'en occupe pas moins le terrain pendant les six mois d'été. C'est ce qui empêchera les jardiniers des grandes villes de faire la culture en grand, parce que le terrain est beaucoup plus cher que dans les localités éloignées.

Les personnes qui s'occuperont les premières de la culture de ce tubercule, gagneront beaucoup d'argent.

Pour mon compte, j'en ai mis dans du sable, de la tannée, de la terre franche, et puis j'en ai rem-

pli des caisses. Je les ai toujours bien conservées,
lorsque je les ai mises dans un endroit où le thermomètre ne soit jamais descendu à zéro.

CULTURE DE LA PATATE.

Au commencement de mars, on fait une couche
de litière nouvelle, sur laquelle on met environ vingt
centimètres d'un terreau fin et assez frais, comme
j'indique pour la culture de la pomme d'amour.

On place les tubercules presqu'à se toucher, on
recouvre ensuite d'environ cinq centimètres de terre;
on couvre d'un panneau presque à toucher le sol,
de manière à ce que l'air ne pénètre pas, en ayant
soin de couvrir d'un paillasson dès le soir. Dans
peu de jours, les pousses paraîtront en grand
nombre, et lorsque les feuilles commenceront à
pousser, on les détache, en ayant soin de ne pas
ébranler la mère, pour les repiquer en pépinière,
sous un panneau préparé à cet effet. Si le temps
de la mise en place était arrivé, on pourrait le faire
tout de suite. En opérant de cette manière, trois
ou quatre kilogrammes de patates peuvent donner
jusqu'à mille plants.

Dès que la terre devient sèche, on arrose et on
tient toujours bien fermé, de cette manière les patates donneront des plants jusqu'au mois de juin.

A cette époque elles sèchent et ne sont plus bonnes à rien.

Dès le mois d'avril, on prépare le terrain. On forme des vaseaux d'un mètre, de large avec des buttes d'environ quinze centimètres de hauteur, sur lesquelles on repique les jeunes plants à une distance de soixante-quinze centimètres. On peut profiter de la concavité des vaseaux en y faisant une culture courte, radis, épinard, laitue ronde, etc.. Il faut les confier à la pleine terre, lorsqu'il n'y a plus à craindre les gelées blanches. La véritable époque, est tout le mois de mai.

Si au mois de juin, on avait encore à planter, il faudrait les rapprocher un peu plus, parce que la patate repiquée à cette époque ne se fait pas si grosse.

Si au moment du repiquage, le terrain se trouvait sec, il faudrait lui donner un peu d'eau avec le canon de l'arrosoir.

Lorsque la plante commence à pousser d'assez longues branches, il faudra tirer une raie de chaque coté, de manière à ce que la patate se trouve sur une butte. On fera passer l'eau dans la concavité du vaseau.

Dans le gros de l'été il faut arroser une fois par semaine si c'est possible.

Mais lorsque vient le mois d'août, s'il survient un peu de pluie, il faut diminuer l'arrosage.

Une fois le mois de septembre arrivé, on peut faire manger les feuilles aux herbivores qui les aiment beaucoup. A la dernière quinzaine de septembre, on pourra les récolter en ayant soin de mettre de côté pour la vente ou la consommation immédiate, celles qui ont été endommagées par le fer.

A la campagne on peut faire quelques patates, dans de bons fonds et du recavé.

On a introduit déjà plusieurs variétés de patates, mais c'est l'igname, qui selon moi produit le plus. La Rose-Robert est celle qui donne les plus beaux tubercules ordinaires.

Tout fumier convient à la patate.

DES RADIS

DANS LES JARDINS.

Les jardiniers doivent semer des radis en toute saison.

En janvier on commence à en faire des planches à plein. A cette époque on doit cultiver le long rose, ou le demi-long.

Quoique la culture du radis semble insignifiante, les jardiniers ne doivent pas la négliger, surtout à cette époque, parce que dans les mois de mars et avril, la saison du fruit sec passe, les poires sont très rares.

Pour les radis nouveaux, c'est la véritable époque. Ils sont si tendres, que tout le monde les recherche. Il s'en fait par conséquent une grande consommation.

Les jardiniers de Toulon font beaucoup cette culture, parce que leur terrain se trouve libre avant l'époque de la plantation des piments, aubergines, melons ou tout autre plante d'été.

En mars ou avril on ne fait le radis que comme doublage, en ayant soin de ne pas le semer trop épais, pour qu'il ne nuise pas aux autres plantes. Cette culture se pratique tout l'été, en observant qu'à partir du mois de mai, on doit semer le rond ou le bout blanc. Ces deux espèces font beaucoup moins de feuilles que les autres ; en été par conséquent ils embarrassent moins les autres plantes.

Rendu au mois d'octobre, on reprend le long ou demi-long ; ces deux espèces craignent moins les gelées, parce qu'ils s'enfoncent plus profondément dans la terre.

DES RADIS

DANS LES CAMPAGNES.

Aux premières pluies on peut commencer à semer le radis.

On fait le demi-long, c'est l'espèce qui vient le

plus rapidement. On doit bien le fumer ou le faire à
un endroit où la terre soit grasse; à défaut, il ne fait
que languir et devient dur. Le radis long blanc est
l'espèce que je recommande particulièrement pour
la campagne ; il est très rustique et demande peu de
fumier. On le sème dans la dernière quinzaine de
septembre ou au commencement d'octobre ; ce radis est presque toujours tendre et n'est pas susceptible de devenir creux comme le long rose. Avant
1820 c'était ce radis qui abondait le plus en hiver,
sur le marché de notre ville, mais comme le rouge
flatte mieux sur une table, on l'a préféré au blanc,
ce qui a été cause que la culture de ce dernier a
été abandonnée.

On peut à la campagne continuer à semer le radis
jusqu'à la fin d'avril, mais à partir du mois de
février on doit de préférence faire le demi-long ou
le bout blanc.

DE LA ROQUETTE.

La roquette est un crucifère comme le cresson
alenois ; elle demande la même culture.

Beaucoup de personnes mêlent les deux graines
pour les semer ensemble, l'association de ces deux
deux plantes donnant une excellente salade de
printemps.

DU SALSIFIS OU SCORSONÈRE.

Le salsifis comme le scorsonère se sèment du mois de février au mois d'avril. Ils s'accommodent de tout terrain, mais il faut bêcher profondément et assez épais, autrement, ils font plusieurs racines et ne sont pas estimés pour la vente. Le salsifis blanc est plus précoce que le scorsonère.

Si en mai ou en juin, on n'avait pas semé le scorsonère à racine noire, on pourrait faire le salsifis blanc. Si l'on veut en avoir de bonne heure, il faut avoir recours à ce dernier, en le semant au mois de février.

DU SALSIFIS

A LA CAMPAGNE.

On peut à la campagne dans les endroits assez bon fond, semer du scorsonère ou du salsifis, mais il ne faut pas le faire trop tard, afin d'éviter la sécheresse.

On doit bêcher le terrain assez profondément.

DU TOPINAMBOUR.

Cette plante se met en terre au mois de mars ou avril, comme la pomme de terre.

On la plante toujours dans les plus mauvais endroits du jardin, parce qu'elle n'est ni difficile sur la qualité du terrain, ni avide de fumier. Il y a dans certains jardins, des coins de terre où il y a plus de vingt ans qu'on cultive le topinambour.

On l'arrache tous les hivers. Il reste toujours assez de tubercules dans la terre pour qu'ils puissent se régénérer d'eux-mêmes.

DE LA POMME-D'AMOUR

A LA CAMPAGNE.

La pomme d'amour n'est pas jardinière. Pour peu qu'on la soigne, dans notre climat elle peut donner une partie de son fruit au printemps. Au moyens de paillassons seulement, on pourra en faire la culture.

Son fruit ne craint pas l'exportation.

Toulon et Marseille en font un grand commerce ; ces deux villes en expédient à Paris, à Londres et même jusqu'à Saint-Pétersbourg.

La campagne ne doit faire la culture de cette plante qu'à la pleine terre, et sous des paillassons pour les garantir des gelées tardives.

Il faut dès le mois de novembre ou décembre, faire une couche de fumier de litière d'environ vingt-cinq centimètres, la recouvrir de quinze centimètres de terreau, semer la graine dessus, la couvrir de trois centimètres de terreau et bien aplanir avec la trinque. Le terreau doit être assez frais, de manière à ne pas nécessiter des arrosages pour faire lever la graine.

Pour reconnaître si le terreau est dans de bonnes conditions, on en prend une poignée que l'on serre dans la main ; en la pressant, la motte doit se trouver formée. Il faut ensuite qu'elle se rompe facilement afin qu'elle ne se tasse pas.

Lorsque les jeunes plants commencent à avoir quatre feuilles, et qu'ils sont bons à repiquer, il faut leur donner de l'eau légèrement avec la pomme de l'arrosoir, pendant quatre ou cinq jours de suite, afin de leur faire pousser de nouvelles racines. A cette époque il faudrait préparer une bâche avec des vases de trois pouces, et mettre une plante dans chaque.

Ce procédé est excellent, parce que si l'on était dérangé par le temps ou tout autre circonstance, les jeunes plants se conserveraient mieux qu'en pépinière ; néanmoins à défaut de vases, on les placera de cette manière, en ayant soin de tasser légèrement avec le pied, ce qui facilitera beaucoup la mise en place, chaque plant étant ainsi pourvu d'une petite motte.

Le terrain qui convient le mieux à la pomme-d'amour, est le terrain sablonneux ou la gravette calcaire. Dans les terrains argileux ou blanquière désignés aussi sous le nom de marne, la pomme-d'amour se fait aussi belle, mais on n'obtient le fruit que vingt-cinq jours ou un mois plus tard.

Il faut pour la culture de la pomme-d'amour reca-ver à soixante-quinze centimètres environ.

On doit donner de soixante-quinze à quatre-vingts centimètres aux raies et mettre les plantes à une distance de vingt-cinq centimètres les unes des autres.

Les terrains de campagne, étant généralement maigres, il faudra mettre le fumier à la raie, et *lorsque* l'on n'aura plus à craindre les gelées tardives, *ce qui permet d'enlever les paillassons*, (1) il faudra refumer avec de l'engrais humain, bêcher et chausser légèrement à droite et à gauche.

Dans le midi du département du Var et des Alpes-Maritimes, on doit tailler la pomme-d'amour toujours sur une branche et trois bouquets, parce qu'elle se met plus tôt à maturité que dans le nord de ces deux départements, où on doit lui supprimer

---

(1) Dans les positions non susceptibles de gelées tardives, on doit toujours faire les pommes-d'amour en pépinière et les mettre en place assez fortes autant que possible.

tous les bourgeons qui poussent à la tête. en respectant le premier bouquet, et laissant pousser trois ou quatre branches au dessous de ce bouquet.

Cette taille est plus fertile, mais elle donne le fruit un peu plus tard, et exige un peu plus d'espace pour les plantes. Pourtant on doit la pratiquer aux endroits que je cite, parce qu'on est obligé de garder les paillassons quelques jours plus tard que dans le midi des deux départements.

Pour faire la culture de la pomme-d'amour de primeur, il faut employer l'espèce la plus hâtive, qui est la maraîchère de Toulon.

On la cultive également à Marseille.

DE LA POMME-D'AMOUR
DANS LES JARDINS.

La culture de la pomme-d'amour dans les jardins se fait de la même manière que dans les campagnes.

Dans les jardins, les terrains étant plus gras, on peut se dispenser de mettre le fumier à la raie, comme je l'ai indiqué ; mais en refumant avec de l'engrais humain, on obtiendra de plus beaux résultats.

Si le jardin était composé de grosse terre argileuse ou blanquière, ces sortes de terre étant toujours froides, ne poussent vigoureusement les plantes que lorsque les chaleurs du mois de mai arrivent, il faudrait renoncer à cette culture, parce que l'on aurait les mêmes frais et l'on n'arriverait pas assez tôt. On pourrait alors supprimer les paillassons et les vases. Il faudrait s'en tenir à la pomme-d'amour grosse de Naples. Cette plante exige de forts tuteurs. Elle n'est fertile que dans le second et le troisième bouquet, il ne faut par conséquent pas l'arrêter, comme on fait aux pommes-d'amour premières ; il n'y a qu'à la suivre, c'est-à-dire supprimer les bourgeons des feuilles et laisser monter la tête. Cette espèce doit se cultiver lorsqu'il s'agit des secondes.

On compte un grand nombre de variétés de pommes-d'amour : la maraîchère de Toulon, la grosse de Naples, la grosse jaune, la rouge de La Haye, la rouge cerise, la jaune cerise, la grosse rouge à poire et la petite à poire.

De toutes ces espèces, celles qui sont préférables sont la maraîchère de Toulon et la grosse de Naples.

On doit cultiver la petite à poire rouge et la petite à cerise, comme des dernières, et lorsque vient la fin de septembre, on doit cueillir les fruits par bouquets, que l'on suspend dans un endroit sec, comme on fait du raisin. De cette manière on les conserve très bien. Marseille en fait un assez grand commerce. Dans tous les magasins de comestibles de cette ville, on voit ces espèces de pommes-d'amour, en janvier et février.

Les jardiniers qui ont des positions craignant peu l'humide de septembre et d'octobre, doivent pratiquer cette culture.

DE LA POMME-D'AMOUR

SOUS CHASSIS.

Les jardiniers qui font la culture de la pomme-d'amour sous châssis, doivent faire les semis en octobre ou novembre, et suivre la même marche que celle que j'indique pour la culture en pleine terre. Seulement, en s'y prenant plus tôt, on aura dans le mois de décembre une jolie pépinière de pommes-d'amour, que l'on placera sous châssis en ayant eu soin préalablement de bien fumer et bêcher le terrain.

Les châssis doivent avoir une pente d'environ six centimètres par mètre et appuyer sur un châssis droit au-devant et d'une hauteur de vingt-cinq cen-timètres environ.

Dans les mois de décembre et janvier, il faut donner de cinq à six centimètres d'air aux châssis, de dix heures du matin à deux heures de l'après-midi. En février et mars, lorsque la pomme-d'amour commence à fleurir et fructifier, on doit donner plus d'air dans la journée.

On doit placer des arceaux, soit en gaules de platanes ou de mûriers, avec des roseaux en travers sous les arceaux, et recourber avec soin la plante sur ces traverses, de manière à ce qu'elle ne touche pas le verre autant que possible.

Le matin, quand on découvre les pommes-d'amour, il faut se rendre compte si les plantes ont souffert du froid pendant la nuit. Si les plantes ont été bien fermées et bien empaillassonnées, elles seront mouillées. Ce sera une preuve que la chaleur de la journée se sera maintenue toute la nuit. Si elles ne sont pas mouillées, ce sera une preuve qu'elles n'ont pas été assez fermées.

Aux environs de Toulon, on taille les pommes-d'amour sur une branche, et du côté de Marseille, sur quatre. La culture sur une branche donne des fruits à mâturité quelques jours plus tôt que les plantes cultivées sur quatre branches. Pourtant, à Marseille, on a raison de faire cette culture, parce que les froids sont plus rigoureux qu'aux environs de Toulon, ce qui oblige de tenir les châssis plus bas pour avoir plus de chaleur. On supprime tous les bourgeons de la tête de la plante, en respectant le bouquet. On laisse pousser trois ou quatre branches du pied, qu'on a soin d'arrêter au premier bouquet et de recourber sur des arceaux.

Cette culture doit être pratiquée dans le nord des trois départements, Var, Alpes-Maritimes et Bouches-du-Rhône.

OBSERVATIONS.

Les cultivateurs qui possèdent des petits potagers arrosables de quelques ares de terre doivent, dans le mois d'août, élever de grandes quantités de plants relativement aux plantes qui doivent être repiquées à la campagne aux premières pluies de septembre et octobre.

MULTIPLICATION & CONSERVATION
De la Graine.

DE L'ARTICHAUT.

L'artichaut se multiplie par œilletons du pied. C'est en octobre et novembre, quand on le chausse, et en mars lorsqu'on le déchausse, qu'on doit faire les pépinières. Les meilleurs œilletons sont ceux qui tiennent à la mère. A défaut de pépinières, on peut, en été, tirer des éclats des vieux pieds. La multiplication se fait également par graines ; mais, dans ce cas, on obtient diverses variétés, dont le légume, à de rares exceptions près, se rapproche de l'état sauvage, et bien qu'il atteigne quelquefois un beau volume, il est très épineux et durcit très vite. Ceux obtenus par œilletons, reproduisant identiquement la variété, doivent donc avoir la préférence.

On comprend, toutefois, que des semis persévérants et continués avec soin, il finirait par sortir quelque variété méritante, que l'on fixerait par le mode de multiplication ordinaire, c'est-à-dire par œilletons. C'est à ce mode que s'en tiennent les cultivateurs.

DE L'ASPERGE.

L'asperge doit se multiplier par graines, dont la récolte se fait en octobre. On obtient de petites baies que l'on met dans un seau d'eau ; on brasse bien avec la main ; la pulpe vient au-dessus et la graine reste au fond ; ensuite on fait sécher et on passe au crible.

On doit choisir pour porte-graines les plantes qui produisent les plus belles asperges en grande quantité.

La graine est fertile pendant trois ou quatre ans.

DE L'AUBERGINE.

On doit, en été, lorsque les plantes d'aubergine sont fortes, marquer celles que l'on veut conserver pour porte-graines.

Il suffit d'en laisser une ou deux plantes des plus belles. Si c'est l'espèce ronde, on doit choisir les plus rondes et les mieux faites ; si c'est la longue, il faut choisir les plus allongées et les plus minces. Le fruit doit rester sur la plante tout l'été ; on ne doit le cueillir que lorsqu'il commence à entrer en putréfaction. On le met alors dans un vase où on le laisse pourrir complétement. Après avoir bien lavé la graine, on la fait sécher.

Beaucoup de jardiniers ne récoltent de la graine que pour leur provision ; dans ce cas, ils laissent le fruit sur pied jusqu'à l'époque où ils doivent faire leur semis. Je reconnais que ce procédé est très bon, car la graine lève mieux.

La graine de l'aubergine est fertile pendant trois ou quatre ans.

DE L'ARROCHE OU BELLE-DAME.

Les personnes qui veulent obtenir des graines pour leur provision seulement, doivent se borner à laisser deux ou trois plantes, sans en faire un choix spécial ; elles se font toujours belles et produisent suffisamment de graines.

On doit récolter la graine aussitôt qu'elle commence à sécher. La maturité commençant par la tête de la plante, on doit enlever la graine au fur et à mesure qu'elle sèche. Il est bon d'en récolter tous les ans, parce que très souvent, à la deuxième année, elle ne lève plus.

DE LA BETTERAVE.

La graine de betterave conserve pendant 3 ou 4 ans ses facultés germinatives.

Il faut en repiquer spécialement pour porte-graines et avoir le soin de ne pas prendre les bâtardes, c'est-à-dire celles qui s'écartent du type que l'on veut conserver. On reconnaît celles-ci beaucoup mieux à la feuille qu'à la racine. Si c'est l'espèce rouge, les bâtardes auront de grosses feuilles donnant sur le rose ; leurs racines ne sont pas proportionnées aux feuilles. Pour bien les reconnaître, il faut les prendre dans les semis un peu vieux, lorsque les racines ont de 7 à 8 centimètres de circonférence. C'est de la même manière qu'on reconnaît les espèces jaunes.

Pour la plate de Bassano, les naturelles sont bien rondes et bien plates. Les bâtardes ont des racines qui s'allongent tant soit peu.

DU CARDON.

Le cardon se multiplie par graines. Il suffit de laisser quelques plantes dans un coin, en ayant soin de choisir les moins épineuses et celles dont le cœur est le moins vide. On peut le laisser plusieurs années à la même place. On récolte la graine dans les mois d'août et septembre ; elle sert à la multiplication pendant trois ou quatre ans.

DE LA CAROTTE.

On doit repiquer les carottes, en ayant soin de choisir toujours les plus jolies. C'est en hiver que la plantation doit avoir lieu. Si on en faisait *grainer* de plusieurs espèces, dans la même année, il faudrait avoir le soin de les éloigner les unes des autres, afin qu'elles ne s'abâtardissent pas.

Pour la petite courte de Hollande, on doit choisir la bien ronde avec une petite queue mince.

La demi-longue est susceptible d'en donner de blanches ; il faut les supprimer lorsqu'il s'agit de porte-graines.

Dans la longue fourragère, il faut choisir celles qui sont très longues, supprimer celles qui se renflent un peu trop haut, et qui sont par conséquent beaucoup plus courtes que les autres.

La carotte est de la famille des ombellifères, elle donne des ombelles qui mûrissent les unes après les autres ; on doit par conséquent faire la récolte au fur et à mesure qu'elles mûrissent. Les premières ombelles sont beaucoup plus grosses que les dernières, celles-ci sont tout aussi bonnes.

La récolte se fait de juillet à septembre. On épluche la graine en frottant les ombelles les unes contre les autres : on crible ensuite.

La graine lève pendant deux ans ; à la troisième année, il ne faut pas trop s'y fier.

DU CÉLERI.

Lorsque vient le mois de février ou mars, si l'on a encore des céleris, il faut en laisser une ou deux raies au bout d'une planche pour y faire grainer.

Cette plante est de la famille des ombellifères ; les graines mûrissent toutes à la fois. Après les avoir coupées on les met sur une toile, et quelques jours après on les froisse avec les mains. On vanne ensuite, en ayant soin de profiter d'une petite brise. La graine dure cinq à six ans.

DU CERFEUIL.

Au mois de mars on doit laisser monter en graine le cerfeuil semé dans le mois d'août ou septembre et sur lequel on a coupé tout l'hiver. Il mûrit dans la première quinzaine de juin ; on doit le couper aussitôt qu'il devient noir. Celui semé en hiver, graine à la même époque que le précédent.

Quelques jours après avoir coupé les plantes, on doit les battre et passer la graine au crible.

Cette graine est bonne pendant trois ans, mais si on la sème l'année même qu'on l'a récoltée, elle ne lève qu'en septembre. On peut donc la laisser reposer.

DE LA CHICORÉE.

On doit semer la chicorée pour graine en novembre ou en janvier et la repiquer aussitôt qu'elle est bonne. Il faut avoir soin de supprimer celles qui diffèrent de l'espèce. On ne doit jamais garder pour porte-graines celles qui ont été plantées en septembre ou octobre, parce que l'humidité de l'hiver les rend susceptibles de la rouille. Cette maladie, empêchant la graine d'arriver à maturité, si l'on récolte de cette dernière et qu'on la sème, on obtiendra des sujets également atteints de la rouille.

La chicorée mûrit dans le mois d'août ; on arrache la plante en entier aussitôt qu'elle commence à sécher.

Beaucoup de jardiniers des environs de Toulon, font tremper la plante pour en retirer les graines. Ce procédé est très simple, mais il n'est pas le meilleur, parce que, si on néglige de bien faire sécher la graine, ou bien si on fait l'opération par un temps pluvieux, cette graine pousse un petit germe qui disparaît au premier coup de soleil. La graine ne perd rien de son poids, mais elle ne vaut plus rien. Il faut par conséquent la battre lorsqu'elle est bien sèche. On se sert d'un billot sur lequel on l'appuie, et avec un morceau de bois, d'environ vingt-cinq centimètres de circonférence, on la bat ; ensuite on crible.

La graine de chicorée est bonne pendant cinq ou six ans.

CHICORÉE SAUVAGE.

On doit laisser au bout d'une planche quelques plantes de celles sur lesquelles on a coupé des feuilles tout l'été. La récolte se fait de la même manière que la précédente.

DE LA CHICORÉE A CAFÉ.

OU A GROSSE RACINE.

On doit repiquer les plants que l'on destine pour porte-graines en hiver, en ayant soin de choisir ceux qui ont les racines les plus longues et les mieux faites, c'est-à-dire les plants dont la grosse racine est bien nette de petites racines.

La graine se récolte de la même manière que pour les précédentes espèces.

DU CHOU.

Le chou pour porte-graines se sème en juin ; on repique dès que les sujets sont bons. Au mois d'octobre, lorsqu'ils sont pommés, on marque avec des baguettes ceux qu'on veut conserver pour porte-graines.

Pour les choux pommés, il faut toujours choisir ceux qni ont la plus grosse tête et le moins de feuilles.

Pour le chou vert frisé de Milan, il faut bien se garder de choisir ceux qui donnent sur le blanc avec des feuilles lisses.

Pour le chou cabus blanc, il faut prendre ceux

qui ont une grosse pomme aplatie et bien se garder de prendre ceux qui donnent sur le vert frisé.

Le chou bombé est un chou blanc qui au mois d'octobre a une grosse pomme ronde avec trois ou quatre feuillés seulement.

Le chou d'Uzès est également un chou blanc printanier. Pour le vrai porte-graines, deux feuilles doivent couvrir la pomme.

Le chou printanier à pain de sucre, son nom l'indique, a la pomme pointue.

On doit éloigner toutes ces espèces un peu les une des autres, néanmoins, si elles venaient à s'hybrider un peu, ça ne leur porterait pas un grand préjudice.

Si on veut avoir de la graine de chou vert bâtard, il suffit de mettre sept ou huit choux verts frisés avec autant de choux printaniers ou tout autre chou blanc, on les fait grainer ensemble et l'on obtient une excellente variété de choux verts hybridés.

Toutes les espèces de choux peuvent se transplanter lorsqu'ils sont en pomme. La graine de chou est bonne pendant cinq ou six ans.

DES CHOUX-FLEURS
ET CHOUX-BROCOLIS

Les choux-fleurs et les choux brocolis pour porte-graines, doivent se repiquer en septembre. Quand bien même ils ne deviendraient pas très gros, ils sont tout aussi bons. Il suffit que le jardinier puisse reconnaître le caractère de la plante. On doit, lorsqu'ils sont en pleines feuilles, supprimer tous les bâtards qui se reconnaissent facilement, lorsqu'ils ont une pomme comme le poing. On supprime également ceux qui deviennent *florentins*, c'est-à-dire tous ceux dont le bouton à fleur paraît trop tôt.

Lorsque la pomme est sur le point de monter, il est essentiel que les porte-graines soient isolés de tout autre espèce, afin d'éviter l'abâtardissement.

Toutes les espèces de choux mûrissent en juin. On doit les couper aussitôt la maturité. On les met dans un sac que l'on pend à un arbre ou dans un lieu bien aéré ; quelques jours après, on les bat et l'on crible ensuite.

La graine est bonne pendant cinq ou six ans.

DU CHOU RAVE.

Lorsqu'on a repiqué toute la quantité projetée, et qu'il en reste encore dans des vaseaux, on les laisse un peu grossir afin de reconnaître les plus jolis, c'est-à-dire ceux qui ont le moins de racines. On repique la quantité nécessaire pour porte-graines. Il est indispensable de les éloigner de tout autre espèce de chou afin qu'ils ne s'hybrident pas.

La récolte de la graine se fait de la même manière que pour les autres espèces et possède les mêmes facultés.

DU CONCOMBRE.

Il faut choisir pour graines ceux qui paraissent les premiers, et toujours les plus longs. Il faut bien laisser mûrir sur pied, les ouvrir après et les mettre sur un linge où on laisse sécher. Lorsque la graine est bien sèche, on la retire du linge et on la crible.

Le concombre cornichon se récolte de la même manière, néanmoins, si parmi ceux que l'on a marqués pour porte-graines, il en vient quelques-uns de trop longs, il faut les supprimer.

Pour la véritable espèce, le fruit doit être court et renflé lorsqu'il est gros.

La graine est bonne de trois à quatre ans.

DE LA COURGE
GROSSE MESSINAISE.

On doit réserver les plus grosses et les mieux faites des premières portées de la plante ; il faut avoir soin de bien laisser mûrir sur pied. Lorsqu'on veut retirer la graine, on peut encore profiter de la courge.

DE LA COURGE MESSINAISE
DE LA SAINT-JEAN.

Pour conserver cette espèce qui n'est qu'une variété de la grosse, il faut avoir soin de ne pas perdre la plante de vue, le fruit commençant à paraître aussitôt qu'elle a quatre feuilles. Il faut marquer les premiers qui paraissent et choisir ceux qui sont le plus près du pied de la plante. Par ce moyen on obtiendra la véritable espèce. Il ne faut pas tenir compte que le fruit soit petit. Si l'on ne prend cette précaution, l'année suivante on n'obtiendra que la grosse messinaise. Lorsqu'on possède la véritable espèce, on doit s'attacher à la conserver, parce qu'il est très difficile de se la procurer.

DE LA COURGE MUSCATE

Il n'y a qu'à suivre les indications données à l'article *grosse messinaise*.

DE LA COURGE POTIRON.

Il est bon pour cette espèce de marquer les premiers fruits qui paraissent ; on les laisse mûrir sur pied. A l'entrée de l'hiver on retire les graines.

DE LA COURGE PLEINE
DE NAPLES.

Cette courge est de forme cylindrique. Elle dégénère très facilement. On doit choisir pour porte-graines celles qui sont longues et minces et qui sont vides du côté opposé au pédoncule; c'est là que se trouvent les graines. On doit les laisser mûrir comme les grosses et les récolter de la même manière.

La graine de toutes les espèces de courges est bonne pendant trois ans.

DU CRESSON ALENOIS.

Le cresson que l'on a semé au mois d'octobre et qu'on a coupé tout l'hiver, se dispose à monter en graines au printemps; on cesse alors d'en couper. Au mois de juin il est en maturité. On récolte en coupant les tiges que l'on met en tas. Quelques jours après, lorsqu'elles sont bien sèches, on les bat et on donne un coup de crible.

La graine est bonne de cinq à six ans.

DE L'ÉPINARD.

L'épinard pour porte-graines, se sème d'octobre en mars. On éclaircit les plantes à dix ou douze centimètres les unes des autres. An mois d'avril, lorsque la graine commence à monter, on arrache les mâles, en ayant soin d'en laisser quelques-uns de distance en distance, La plante étant dioïque, c'est-à-dire l'une porte la fleur et l'autre la graine. Cette plante mûrit au mois de juin, on l'arrache, on laisse sécher et on met en tas. Quel jours après on la bat.

La graine est bonne pendant deux ou trois ans, mais la première année elle ne lève pas jusqu'au mois de septembre.

DE L'ESTRAGON.

L'estragon se multiplie par la division du pied ; c'est en hiver que l'opération doit avoir lieu.

DE LA FÈVE.

On ne doit pas cueillir de fèves sur les plantes que l'on destine pour porte-graines. Lorsqu'on fait ia récolte, il faut avoir soin de mettre de côté les gousses les plus longues, que l'on sème l'année suivante pour porte-graines. En agissant ainsi, si on possède une bonne espèce, on la conservera. La fève mûrit au mois de juin, on la coupe aussitôt mûre, et quelques jours après on la bat. On doit avoir soin de bien faire sécher le grain pour le garantir des bruches.

La fève est bonne pour semence pendant trois ou quatre ans.

DU FRAISIER.

Le fraisier se multiplie par coulants et par division de pied ; on le multiplie également par graines, mais ce genre de multiplication ne doit être pratiqué que lorsqu'on veut obtenir des variétés.

Lorsque la fraise est bien mûre, on l'écrase dans un seau d'eau, la graine tombe au fond et on la laisse sécher.

DU HARICOT.

On ne doit pas cueillir de haricots sur les plantes que l'on destine pour porte-graines. On doit avoir soin de supprimer tous les sujets étrangers à l'espèce. Si on négligeait cette précaution, dans deux ans on aurait totalement perdu la qualité.

On peut récolter, deux fois pendant l'été, les haricots hâtifs, tels que le quarantain blanc, le jaune, le noir de hollande, le mongette blanc.

Mais l'on ne doit prendre cette précaution qu'en cas de nécessité, parce que souvent les premières pluies nuisent à la deuxième récolte.

La graine de haricot est bonne pendant trois ans.

DE LA LAITUE.

On repique la laitue pour porte-graines, à partir de mois d'octobre jusqu'à la fin de mars. Elle monte en graine dans le mois de mai et mûrit vers la fin de juillet. Lorsque les capsules sont ouvertes en assez grande quantité, on les coupe, on les met dans un sac, que l'on pend à un arbre. Quelques jours après, on les met sur une toile, on les froisse avec les mains, on les bat avec un battoir, et l'on passe ensuite au crible. On a le soin de bien faire sécher la graine avant de la ramasser.

La graine de laitue est bonne pendant trois ou quatre ans.

DE LA MACHE OU DOUCETTE.

Il suffit de laisser quelques vaseaux au bout d'une planche, sur laquelle on a cueilli tout l'hiver.

La doucette fleurit encore qu'il y a déjà des graines mûres. On doit par conséquent choisir le moment où il y a le plus de graines mûres. On arrache la plante, on la met sur une toile, on laisse sécher en ayant soin de secouer la plante tous les jours, afin d'en faire sortir la graine.

La graine de doucette est bonne pendant deux ans.

DU MELON.

Toutes les espèces de melons se récoltent de la même manière. On doit, autant que possible, garder les mieux faits, les meilleurs et ceux qui retiennent les mailles ou bourres le plus près du pied possible.

Lorsqu'on aura marqué les melons que l'on se propose de garder, il ne faut pas les vendre sous la condition qu'on vous rendra les graines, ni les donner sous les mêmes conditions. On doit les consommer soi-même. Les melons étant très susceptibles de s'abâtardir, si on veut conserver l'espèce que l'on possède, il faut avoir le soin de ne pas les faire trop près les uns des autres. Il faut aussi craindre le voisinage de sautres cucurbitacées à cause de l'hybridation.

La graine de melon est bonne pendant trois ou quatre ans. Nos cultivateurs prétendent que l'on doit laisser reposer la graine un an au moins avant de la semer. C'est un préjugé que rien ne justifie, les plants provenant des graines de l'année précédente étant aussi vigoureux que ceux des graines de deux ans.

DU NAVET.

Pendant l'hiver, lorsque les navets sont arrivés à

leur grosseur et que l'on reconnaît parfaitement l'espèce, on en choisit une certaine quantité des plus jolis. On doit avoir soin de les éloigner des choux que l'on destine pour porte-graines, afin d'éviter les hybridations.

Les graines mûrissent dans la première quinzaine de juin.

Dans le cas où les serins et les verdiers s'adonneraient aux plantes, au point de rendre la récolte douteuse, en pourrait couper la graine lorsqu'elle est à demi mûre. On la mettrait dans un sac que l'on pendrait à un arbre.

Dix jours après, on la place sur une toile. On froisse avec les mains et l'on crible ensuite.

La graine est bonne de cinq à six ans.

DE L'OIGNON.

A l'arrivée des premières pluies, on doit planter les oignons pour porte-graines, en ayant soin de choisir toujours les plus jolis, à l'effet de maintenir l'espèce. Il faut choisir une position un peu abritée du mistral, parce que les tiges sont très cassantes quand elles sont jeunes. Il faut éviter également de les placer dans une position où les pluies puissent inonder le pied, cette plante craignant beaucoup l'humidité de l'hiver. La graine est mûre en juillet

et août. On doit la faire bien sécher. On la frotte
au moyen de deux briques, on crible ensuite.

La graine est bonne pendant deux ou trois ans.

DE L'OSEILLE.

La graine d'oseille est mûre dans le mois de
juillet. Mais dans nos contrées la reproduction de
cette plante se fait par éclat.

DU PIMENT.

Lorsque cette plante est en plein rapport, on en
marque quelques lignes que l'on laisse bien mûrir
sur pied. Ce n'est qu'en septembre que la maturité
a lieu. A cette époque on les cueille, on les ouvre et
on retire la graine. Mais si l'on en a une grande
quantité on peut les laisser pourrir, ensuite on les
met dans un seau d'eau et on les lave. La bonne
graine reste au fond et la mauvaise vient sur l'eau.
On laisse sécher ensuite.

Le graine est bonne pendant trois ou quatre ans.

Pour les piments *enragés*, on doit faire des petites
bottes des plantes, que l'on pend ensuite dans une
grange et, lorsque las fruits sont bien secs, on les
frotte au moyen de deux planches. Il faut éviter de

faire faire ce travail aux enfants, parce que la poussière pourrait s'introduire dans les yeux et dans les fosses nasales, ce qui occasionne des douleurs atroces pendant quelques heures.

Les piments s'abâtardissent facilement.

On doit, lorsqu'il s'agit des plantes pour porte-graines, éloigner les variétés les unes des autres.

DU POIREAU.

Au mois de septembre, lorsque les poireaux sont assez gros, on doit choisir les plus jolis et les transplanter à une plus grande distance que si c'était pour la consommation.

La graine est mûre dans le mois de septembre de l'année suivante. On la récolte de la même manière que celle de l'oignon.

Elle est bonne pendant deux ou trois ans.

DE LA POIRÉE.

Au mois d'avril, on laisse sur pied quelques plantes, selon la quantité de graines qu'on veut récolter, en ayant soin de supprimer celles qui diffèrent de l'espèce. La graine mûrit au mois d'août, elle est très facile à récolter. Elle conserve ses facultés germinatives pendant quatre ou cinq ans.

DES POIS.

On ne doit pas cueillir de fruit sur la plante que l'on réserve pour la semence.

Le pois mûrit ordinairement dans les mois de juin et juillet. On doit avoir soin de bien laisser mûrir sur pied. Quelque temps après l'arrosage, lorsqu'ils sont bien secs et bien propres, on doit encore les faire sécher et les tenir dans un endroit bien sec, afin que les bruches ne les atteignent pas.

Le pois est bon pour semence pendant trois ou quatre ans.

DU RADIS.

Le radis semé en septembre est bon à repiquer en octobre et novembre pour porte-graines. Il faut avoir soin de choisir toujours la véritable espèce. On ne doit pas mettre les variétés près les unes des autres, afin d'éviter l'abâtardissement. La maturité de la graine a lieu en juin et juillet.

Cettegraine étant très recherchée par les verdiers, on peut les couper avant la maturité complète. Il faudrait, dans cette circonstance, en faire un tas et laisser dans cet état pendant quelques jours. La graine, dans ce cas, n'est pas aussi grosse, mais elle est bonne tout de même.

Dans les circonstances ordinaires, il faut bien laisser mûrir sur pied,

Quelques jours après avoir arraché la plante on la bat, ensuite on passe au crible.

Cette graine est bonne pour semence pendant cinq ou six ans.

DU SALSIFIS & DU SCORSONÈRE

On sème en février ou en mars. Dans le courant de l'été, cette plante fleurit ; on ramasse la graine au fur et mesure qu'elle mûrit. On doit en récolter tous les ans, parce que très souvent elle ne lève pas à la seconde année.

EPINARD — TÉTRAGONE CORNUE.

Cette plante ne monte pas, mais en été pendant qu'on la cueille elle fleurit et mûrit. La graine est facile à récolter, parce qu'elle est très grosse. Elle est bonne pendant trois ou quatre ans.

TOMATE OU POMME-D'AMOUR.

Dans le courant de l'été, lorsque les plantes sont en pleine fructification, on doit en marquer une cer-

taine quantité, en ayant soin de choisir les plus naturelles, selon les espèces, et de laisser mûrir sur pied.

Il ne faut prendre que sur le premier et le second
bouquet, et choisir les mieux faites. On coupe la
pomme d'amour en deux, on serre dans la main et
on fait tomber la graine dans un seau d'eau. On
met ensuite cette graine sur une toile afin de laisser
couler l'eau ; on étend cette toile pour laisser sécher
la graine.

Lorsquelle est à demi séche, on la lave de nouveau, on fait sécher complètement, et on passe au
crible ou bien on se sert d'un van.

La graine de pomme d'amour est bonne pendant
quatre ou cinq ans.

DE LA CONSERVATION DES GRAINES.

Pour éviter les atteintes des bruches et des mites,
on doit avoir soin de bien faire sécher les graines
avant de les rentrer. Les sacs sont très commodes
pour loger les graines, mais elle se conservent beaucoup mieux dans des pots, soit en terre soit en verre.

Les graines mises dans un pot que l'on ferme
hermétiquement, conservent leurs facultés pendant
six ans, tandis que celles logées dans des sacs, ne
valent plus rien après quatre ans.

On doit donc, autant que possible, tenir les graines dans des bouteilles, des pots de verre ou des caisses en bois, parce que dans ces récipients l'air ne les dessèche pas aussi vite que dans des sacs.

LÉGUMES

Que la Campagne peut fournir en grande quantité aux villes du Nord pendant l'hiver et le printemps.

CHICORÉE, de décembre en mars.

CHOUX-FLEURS, de décembre en mars.

ARTICHAUT, de décembre en avril.

POMMES DE TERRE NOUVELLES, de décembre en avril.

BROCOLIS BLANC, en mars.

LAITUE RONDE, de décembre en mars.

LAITUE LONGUE, de janvier en mars.

PERSIL, de décembre en mars.

FÈVES, de février en avril.

ASPERGES, de février en avril.

POMMES-D'AMOUR, de juin en juillet.

CONCOMBRES, de mai en juin.

CITROUILLES POTIRON, de mai en juin.

MELONS, en juillet.

HARICOTS, mai et juin.

En suivant les indications que je donne, la campagne pourra expédier ces articles avec moins de frais que les jardins.

DU BROUILLAGE.

Le brouillage a pour but de détruire les jeunes herbes et de maintenir la fraîcheur du terrain.

Lorsque cette opération a eu lieu, on peut rester, en été, selon la quantité du terrain, de huit à dix jours sans arroser.

Le brouillage doit se faire après le second ou le troisième arrosage, c'est-à-dire au bout de douze à quinze jours, et lorsque les plantes ont bien repris. En hiver, c'est après vingt-cinq jours ou un mois. La question du brouillage est très importante pour le jardinier. Cette opération se fait en binant légèrement la surface de la terre qui a été tassée par les eaux ; on déchausse légèrement les jeunes plantes qui ont été serrées par la cheville et chaussées par les arrosages. Les jardiniers qui manquent d'eau doivent répéter souvent cette opération.

DU SARCLAGE.

Le sarclage a pour but de détruire les grosses herbes qui ont été oubliées par le brouillage. Cette opération doit se faire de quinze à vingt jours après le brouillage, et régulièrement lorsqu'il y a de grosses herbes qui sont sur le point de faire la graine.

DE L'ARROSAGE EN GÉNÉRAL.

Lorsque le printemps est sec et que dans le mois de mai les jardiniers sont obligés d'arroser les plantes des pays chauds, on doit avoir soin de ne pas trop les inonder. Il faut brouiller aussitôt que ce travail peut se pratiquer. Mais, vers le quinze juin, dès que les fortes chaleurs sont arrivées, on peut pratiquer les arrosages sans inconvénients. Toute plante sur laquelle on cueille le fruit sans l'arracher, demande beaucoup d'eau lorsqu'elle produit. Exemples, l'artichaut, le fraisier, le haricot, l'aubergine, le piment, etc.

Lorsque l'on n'a pas manqué d'eau d'eau en été et que les plantes d'hiver sont avancées convenablement, il est bon que les pluies de Saint-Michel trouvent le jardin un peu sec, surtout dans les terrains exposés à un excès d'humidité pendant l'hiver.

DE L'EMPLOI DE L'ENGRAIS

DANS LES JARDINS.

Les engrais grossiers doivent être enterrés généralement plus bas que les autres. Par exemple, le chiffon doit être enterré bas. On doit l'employer pour des cultures susceptibles de rester longtemps sur le terrain.

L'engrais humain doit être mis sur la superficie de la terre après avoir bêché.

On peut mettre le tourteau en bêchant le terrain, mais il est préférable de l'employer après que cette opération a été faite, en donnant un binage comme si on enterrait le blé.

A l'entrée de l'hiver, les engrais doivent être mis moins profondément, parce que les racines de la plante cherchent la chaleur du soleil.

Au contraire, en été, on doit les placer plus bas, parce que les plantes cherchent la fraîcheur du terrain.

Dans les jardins arrosables, on peut employer tous les engrais indistinctement.

DE L'EMPLOI DE L'ENGRAIS

DANS LES CAMPAGNES.

Dans les campagnes, on peut suivre la même méthode que pour les jardins, seulement, à l'entrée de l'été, on doit employer moins le tourteau et se bien garder de le mettre au trou, c'est-à-dire au pied de la plante, parce que le printemps étant souvent sec, en employant le tourteau, on porterait préjudice aux plantes et l'on ferait une dépense en pure perte.

Il convient, à cette époque, d'employer les balayures des villes et le fumier que l'on retire des cochonniers, ou tout autre engrais conservant l'humidité.

DU RECAVÉ
DANS LES CAMPAGNES.

C'est en été qu'on doit recaver pour la culture potagère ; le terrain étant sec, les hommes ne le tassent pas, il dure par conséquent beaucoup plus que si on faisait ce travail en hiver.

La première année de recavé, il faut cultiver les plantes qui demandent le plus de guéret, telles que le melon, la pastèque, le chou-fleur et l'artichaut.

A la deuxième année, on doit faire des pommes-d'amour, des citrouilles, des concombres et diverses qualités de choux pommés.

A la troisième année, toute autre espèce de légumes, et à la quatrième, si on veut revenir à la première culture, il faut recaver de nouveau, mais la dépense ne sera pas si forte que la première fois.

CONSTRUCTION DES JARDINS

ET CULTURE POTAGÈRE DES ENVIRONS DE TOULON.

Pour créer un jardin, il faut, avant toute chose, se rendre bien compte de l'eau que l'on a à dépenser dans 24 heures. Il faut porter le canal en maçonnerie, si c'est utile, à la partie la plus élevée du terrain que l'on veut convertir en jardin.

Les planches qu'on forme doivent avoir de quatre-vingts à cent mètres de superficie, c'est-à-dire 20 mètres de long sur 5 mètres de large.

Si le jardin contenait deux hectares, il conviendrait de donner ces dimensions aux planches.

Il faut former ces dernières, autant que possible Nord et Sud, en ayant soin de créer des brise-vents en cyprès ou en roseau de Provence.

Il faut, de même, créer de petits brise-vents en thuyas, le long des petits sentiers qui servent à l'exploitation de la propriété, et réserver des planches longeant les brise-vents de l'Est à l'Ouest, que nos jardiniers appellent *ribades*, ce sont ces parties qui rendent le plus grand service pour les primeurs.

L'exploitation d'un jardin a lieu ordinairement au mois de juillet ou au mois de février. A mon avis c'est le commencement de l'année que l'on doit choisir, le mois de janvier n'étant pas une époque convenable pour confier des jeunes plants en pleine terre, à cause des fortes gelées qui régnent à cette époque. En même temps que l'on prépare le terrain, on fait des semis que l'on repique en temps convenable.

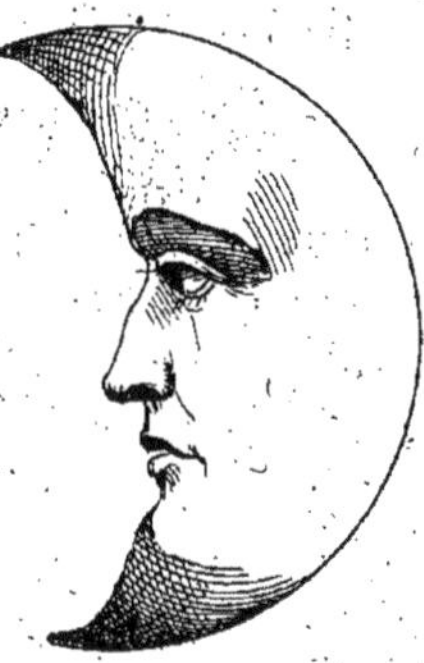

Les jardiniers doivent observer, autant que possible, les phases de la lune. Il faut, lorsqu'on veut faire les semences, que la lune ait de huit à dix jours, surtout lorsque ce sont des plantes pour lesquelles on devance l'époque; exemples : la chicorée de février en mars, le chou printanier en septembre, le poireau en octobre, le céleri en décembre, etc, etc. Mais lorsque la véritable époque de la mise en terre des graines est arrivée, on peut les faire à la nouvelle lune, ce qui vaut mieux que d'attendre huit jours.

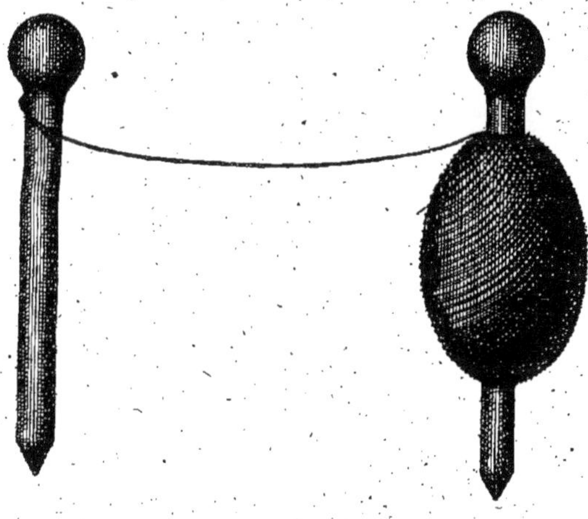

Le Cordeau sert pour dresser les courants d'eau et les raies de toutes formes.

Le Béchard est un outil à deux dents dont on se sert pour bêcher le terrain aussi profondément qu'on le désire.

La Trinque est une large lame qui enlève des tranches de terre; elle sert pour niveler le terrain, dresser les courants, applanir les vasaux et tirer les raies de toutes formes.

Le Transplantoir sert pour enlever et mettre en place avec la motte, les pommes-d'amour, les piments, ou toute autre plante qui a été mise en pépinière.

L'Arrosoir sert pour arroser les jeunes plants dans les bâches ou placés à tout autre lieu.

La Brouette sert pour le transport du fumier et pour tout autre usage.

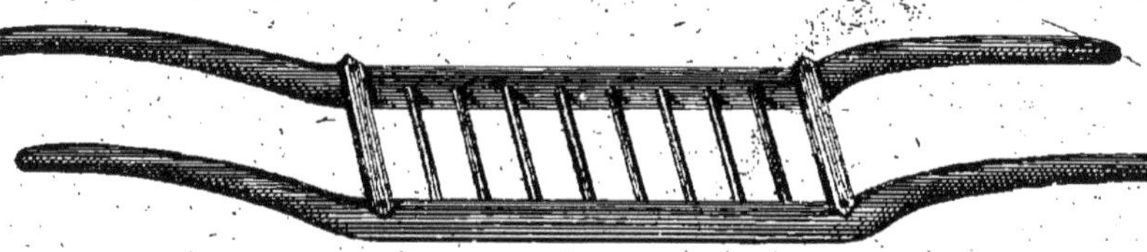

Le Baillard ou **Civière**, sert pour le transport des légumes et quelquefois pour le fumier, lorsque le terrain se trouve impraticable pour la brouette.

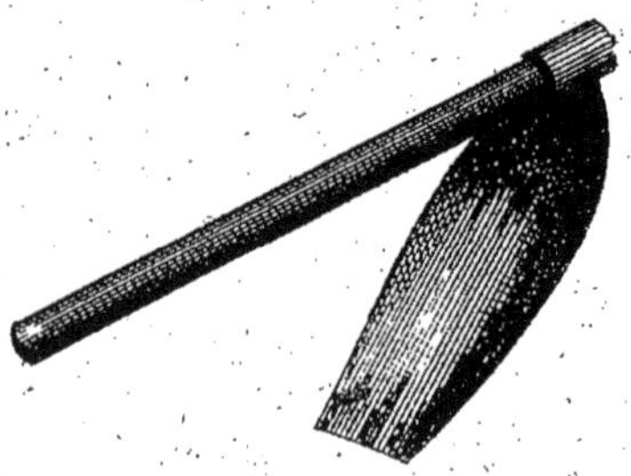

L'Eyssadette est un petit outil à une main qui sert pour brouiller et biner les jeunes plantes, ainsi que pour sarcler les mauvaises herbes.

La Cheville est faite en bois d'olivier ou autre bois dur. Elle sert pour repiquer les jeunes plantes de toute espèce.

La Mesure sert à prendre les dimensions de toutes sortes de raies.

Coupe A.B. 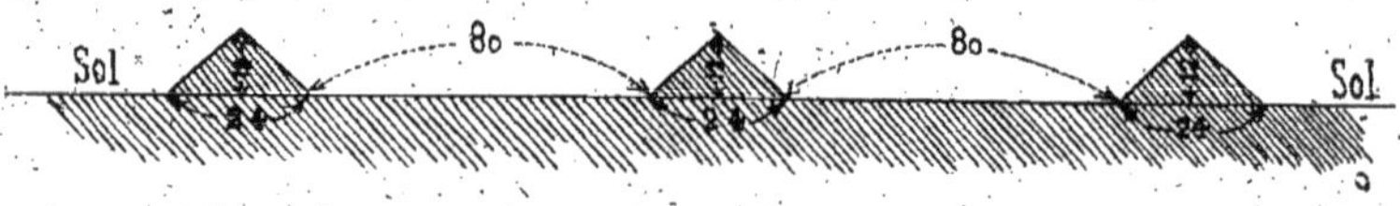
Sol
80
80
Sol
Plan 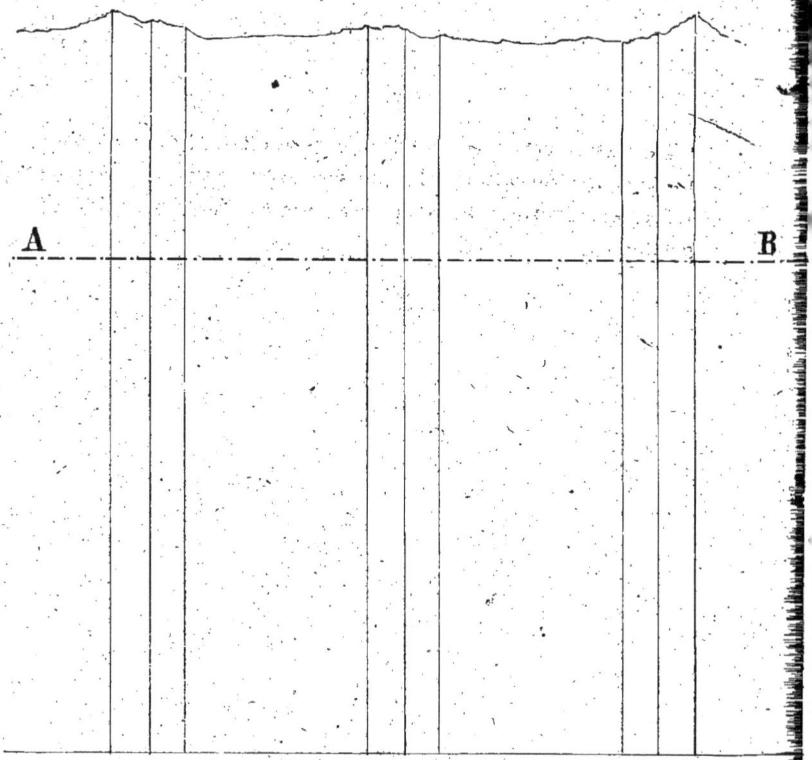
A
B
Raies à Vaseaux

On doit se servir de cette raie pendant tout l'été et pour toute espèce de culture. On s'en sert même en hiver lorsqu'on sème des carottes qui sont susceptibles d'être arrosées au printemps.

Coupe A·B.

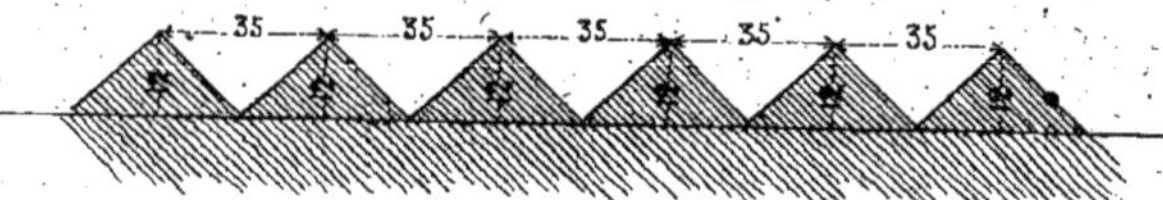

Plan

Petites raies

On donne à cette raie de trente à trente-cinq centimètres, selon la culture que l'on veut faire, on la dresse au midi à une inclinaison de trente-cinq degrés environ. On s'en sert pour repiquer la chicorée, la laitue. On y sème les poireaux à la raie en hiver. Cette raie se pratique du 15 septembre au 15 février.

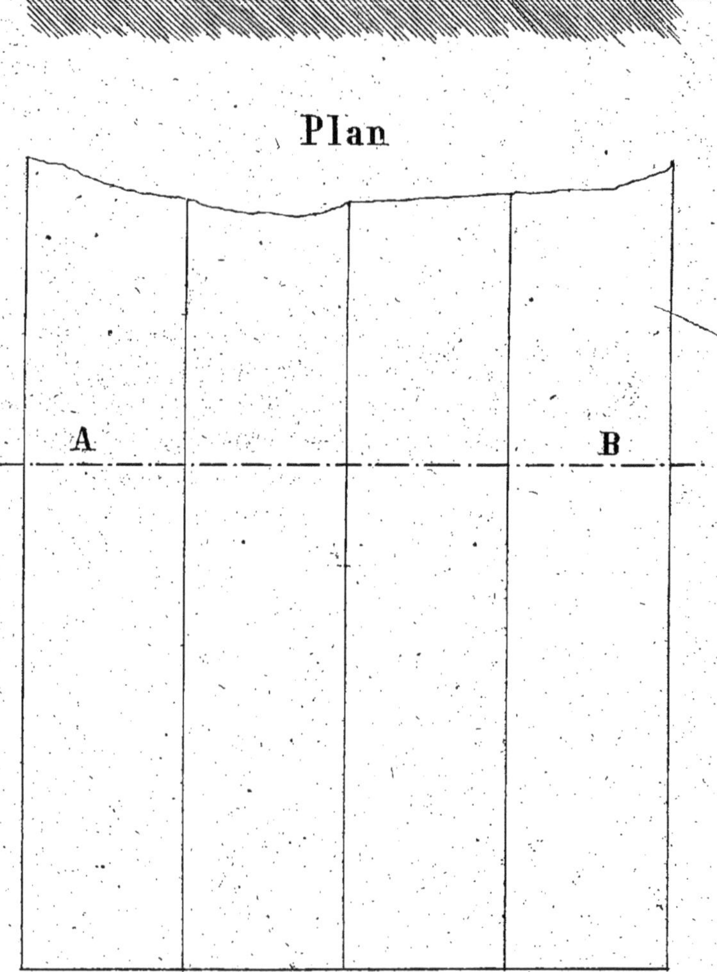

Raies rondes.

Cette raie sert en hiver pour repiquer les petits oignons.
surtout dans les terres fortes, parce que les eaux serrent moins
la terre dans les jardins abrités. On s'en sert également pour
les laitues rondes, que l'on place sur quatre ou cinq rangées.

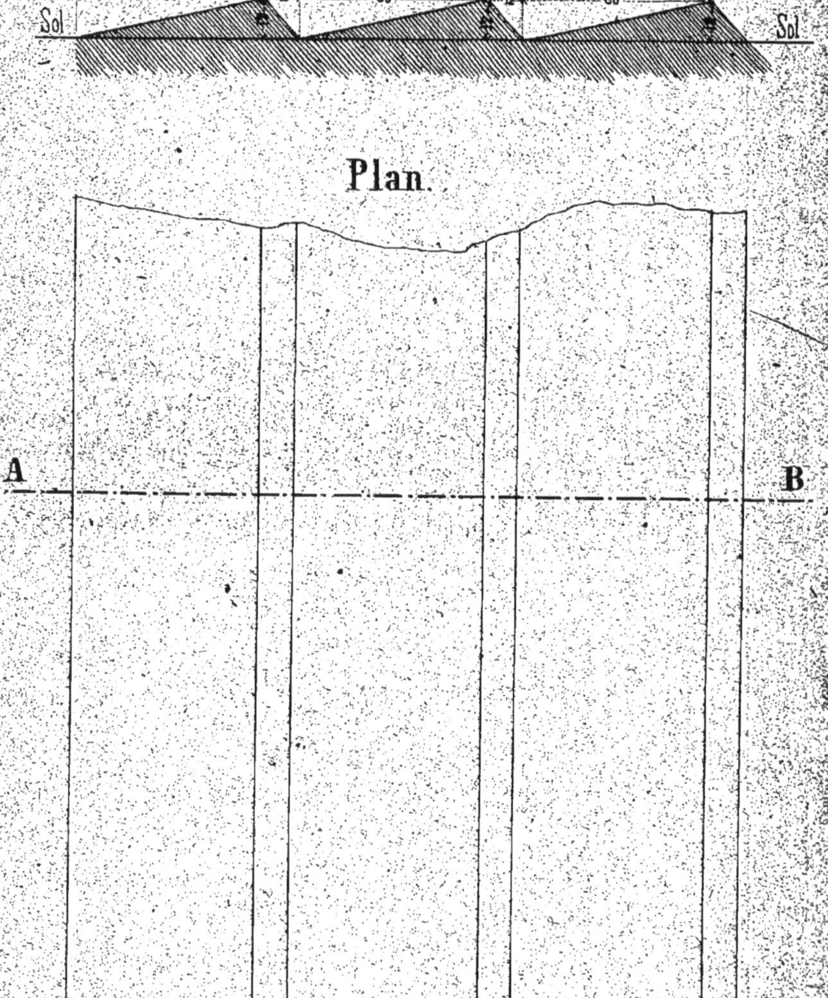

Coupe A B.
Sol
80
12
80
12
80
Sol
Plan.
A
B
Raies à banchaut

Cette raie sert pendant tout l'hiver pour faire les épinards à
plein, les radis et les laitues rondes. Mais au printemps on ne
s'en sert plus que pour les plantes dont le pied ne doit pas
être inondé par les arrosages, tels que pastèque, melon,
concombre et aubergine.

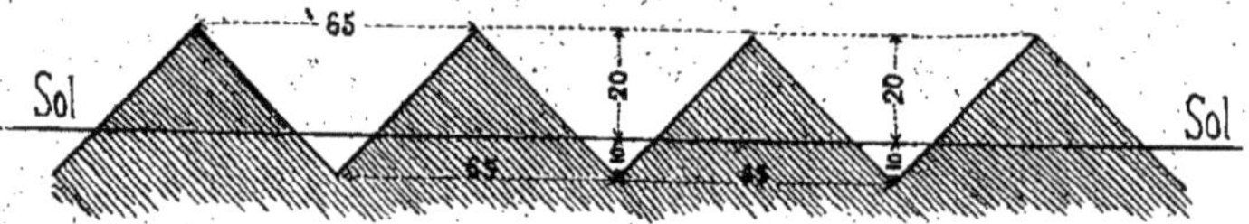

Grandes raies.

On pratique cette raie à partir du mois d'octobre jusqu'au mois d'avril. D'octobre à février elle sert pour les choux, et de février à avril on s'en sert pour les haricots et les pommes d'amour.

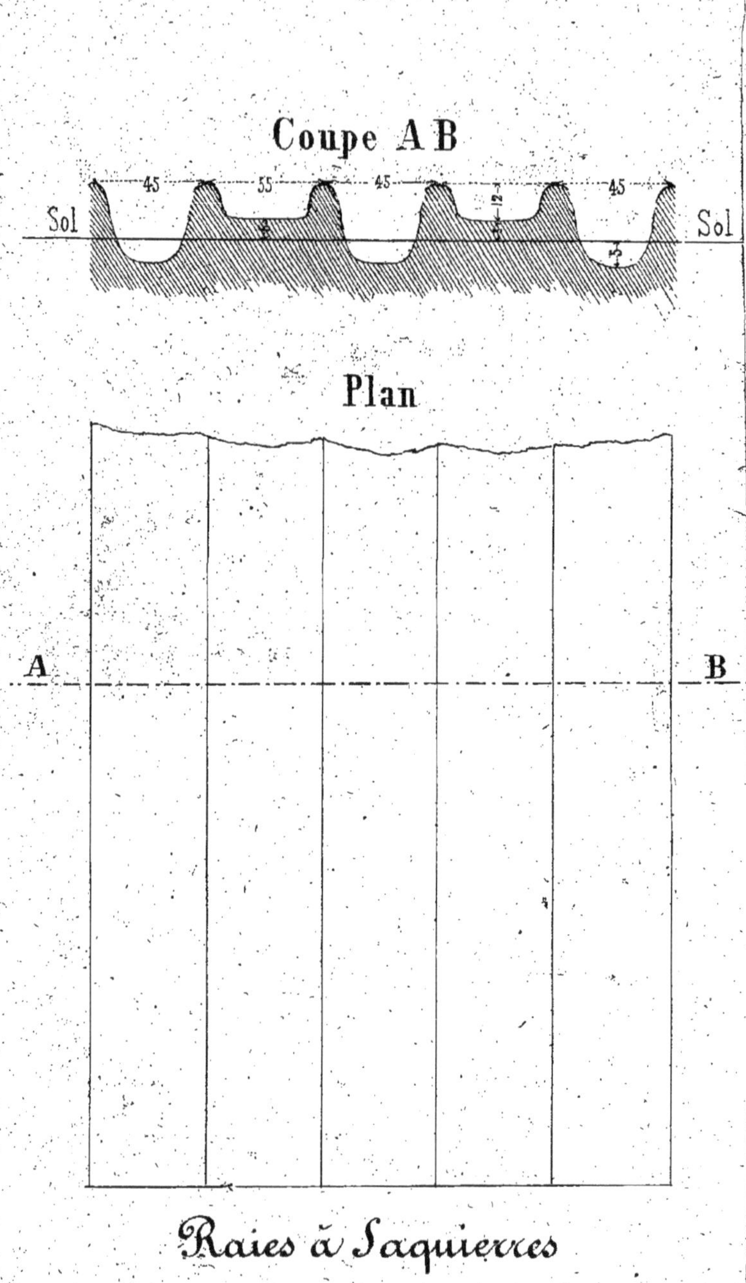

Coupe A B
45   55   45   45
Sol
Sol
Plan
A
B
Raies à Jaquierres

Cette raie ne se pratique qu'au printemps ; elle ne sert que pour les plantes des pays chauds et qui ne demandent pas grand-arrosage dans cette saison, tels que melon, pastèque, aubergine, concombre, et même les patates douces. Mais je donne la préférence pour cette culture à la raie à banc-haut.

AVIS

AUX

CULTIVATEURS.

Nous voyons tous les jours arriver sur le marché de Toulon, des villageois ou forestiers, qui viennent s'approvisionner de légumes cultivés aux environs de la ville qu'ils payent très cher, soit que les terrains sur lesquels ils ont été récoltés soient loués à des prix très élevés, ou bien qu'il y ait des difficultés à l'exportation. Une chose digne de remarque, c'est que ces légumes sont cultivés, quelquefois par les enfants de ces forestiers, qui, arrivés à l'âge de 18 ans, se croyant malheureux parce qu'ils sont éloignés des grands centres, ont quitté leur village et abandonné le terrain paternel pour venir en exploiter un autre, souvent plus ingrat et toujours plus cher.

Nous devons protester contre cet abandon du champ paternel pour une culture qui peut s'y pratiquer et devenir une nourrice pour les enfants du cultivateur.

Aussi serait-il prudent aux villageois de ne rien négliger pour développer chez leurs enfants le goût de la culture maraîchère ou jardinière.

Une fleur plantée autour de l'habitation, fût-elle des plus modestes, une pensée, un œillet, un pentstemon, un chèvre-feuille, une clématite, une rose, donnent un air de fête à la cabane paternelle, et si comprenant le rôle utile des oiseaux en agriculture, le père de famille empêche ses enfants de gâter les nids et les encourage au contraire à planter près de la maison, un petit bosquet qui servira de refuge aux oiseaux insectivores et leur permettra d'y faire leurs nids, il aura embelli sa demeure et protégé ses cultures en accueillant les chantres des bois qui les tiennent propres de tous les insectes dévorants.

Ainsi disposé à admirer les œuvres de Dieu et sa providence, le cultivateur élèvera ses enfants dans les bonnes pratiques agricoles et leur apprendra à respecter les harmonies naturelles et à adorer le Créateur de toutes choses.

TABLE DES MATIÈRES.

	Pages.
PRÉFACE.	1
De l'Artichaut rouge dans les jardins	2
Des Artichauts blancs	3
De l'Artichaut blanc appelé second par les jardiniers	4
De l'Artichaut rouge à la campagne	5
De l'engrais qu'on doit donner à l'artichaut	6
De l'Asperge dans les jardins	9
De l'Asperge à la campagne	10
De l'Aubergine dans les jardins	12
De l'Aubergine à la campagne	12
Arroche ou Belle-dame	13
De la Betterave dans les jardins	14
De la Betterave à la campagne	14
Du Cardon	15
De la Carotte dans les jardins	16
De la Carotte à la campagne	17
Du Chou dans les jardins	18
Du Chou brocoli	19
Du Chou-fleur dans les jardins	20
Du Chou à la campagne	21
Du Chou-fleur	22
Du Chou brocoli	22
Semis des Choux et distance qu'on doit donner à ces plantes, à la campagne comme dans les jardins	23
Du Céleri dans les jardins	25
Du Céleri-rave	25
Du Cerfeuil	26
De la Chicorée dans les jardins	27
De la Chicorée sauvage	28
De la Chicorée à la campagne	29
De la Chicorée sauvage à la campagne	

	Pages.
Du Concombre dans les jardins et à la campagne	29
De la Courge messinaise dans les jardins	31
De la Courge muscate	33
De la Courge potiron.	33
Culture de la Courge à la campagne, (Courge missinaise)	34
De la Courge muscate ou pleine de Naples	35
De la Courge potiron	35
Du Cresson alenois	36
De l'Épinard dans les jardins	37
De l'Épinard dans les campagnes	37
De l'Estragon	38
De la Fève.	38
De la Fraise	40
De la Fraise dans les jardins bourgeois	43
De la Fraise des quatre saisons	43
De la Fraise sous châssis	44
Des Haricots dans les jardins en pleine terre	45
Des Haricots sous châssis	48
Des Haricots à la campagne.	50
De la Laitue ronde dans les jardins	52
De la Laitue d'hiver	53
De la Laitue longue dans les jardins	54
De la Laitue ronde à la campagne	55
De la Laitue longue à la campagne	56
Du Melon à la campagne	57
Du Melon dans les jardins	60
Du Melon sous châssis	60
Du Melon de Cavaillon dans les campagnes	61
Mache ou Doucette	62
Du Navet dans les jardins	63
Du Navet dans les campagnes	63
De l'Oignon dans les jardins	64
Culture des Oignons dans les campagnes	66
De l'Oseille	67
Du Persil	67
De la Pastèque ou Melon d'eau	67
Du Poireau	68

	Pages.
Du Poireau à la campagne	69
De la Poirée	69
De la Pomme de terre dans les campagnes.	70
De la Pomme de terre dans les jardins.	72
Des Pois dans les campagnes	73
Des Pois dans les jardins	77
Du Piment.	78
De la Patate douce	79
Culture de la Patate.	83
Des Radis dans les jardins	85
Des Radis dans les campagnes	86
De la Roquette	87
Du Salsifis ou Scorsonère.	88
Du Salsifis à la campagne	88
Du Topinambour.	88
De la Pomme-d'amour à la campagne	89
De la Pomme-d'amour dans les jardins	92
De la Pomme-d'amour sous châssis.	94
Observations	96

Multiplication et Conservation de la Graine.

De l'Artichaut.	96
De l'Asperge.	97
De l'Aubergine	98
De l'Arroche ou Belle-dame.	98
De la Betterave.	99
Du Cardon	100
De la Carotte.	100
Du Céleri.	101
Du Cerfeuil	102
De la Chicorée.	102
Chicorée sauvage.	103
De la Chicorée à café ou à grosse racine	104
Du Chou	104
Des Choux-fleurs et Choux-brocolis	105
Du Chou rave.	106
Du Concombre	107
De la Courge grosse messinaise.	107

	Pages.
De la Courge messinaire de la Saint-Jean	108
De la Courge muscate	108
De la Courge potiron	108
De la Courge pleine de Naples	109
Du Cresson alenois	109
De l'Épinard	109
De l'Estragon	110
De la Fève	110
Du Fraisier	111
Du Haricot	111
De la Laitue	112
De la Mâche ou Doucette	112
Du Melon	113
Du Navet	113
De l'Oignon	114
De l'Oseille	115
Du Piment	115
Du Poireau	116
De la Poirée	116
Des Pois	117
Du Radis	117
Du Salsifis et du Scorsonère	118
Épinard — Trétragone cornue	118
Tomate ou Pomme-d'amour	118
De la conservation des Graines	119
Légumes que la Campagne peut fournir en grande quantité aux villes du Nord pendant l'hiver et le printemps	120
Du Brouillage	121
Du Sarclage	121
De l'Arrosage en général	122
De l'emploi de l'engrais dans les jardins	122
De l'emploi de l'engrais dans les campagnes	123
Du Recavé dans les campagnes	124
Construction des jardins et culture potagère aux environs de Toulon	125
Avis aux Cultivateurs	145

PLAN D'UN JARDIN POTAGER (échelle de 2 centimètres par mètre)

Pouvant être arrosé par une noria ayant des godets de 15 à 20 litres.

Une fois que le terrain sera fumé et bêché on dressera les courants convexes de chaque planche ; ensuite les porte-eaux.

On aplanira le terrain de chaque planche, en ayant soin de donner une très légère pente dans le sens de la longueur des vaseaux ; on construira les raies à vaseau ou autres.

On dressera ensuite les courants concaves dont il faut que le fond soit de la même profondeur que le fond des vaseaux, afin que l'eau n'ait ni à monter ni à descendre pour entrer dans les vaseaux.

OBSERVATION

Si la noria était de 35 à 50 litres au lieu de 15 à 25, ou si l'on avait une prise d'eau du haut, il faudrait dresser les convexes plus fort et les concaves plus larges en rapport au courant d'eau plus ou moins grand et les planches pourraient avoir jusqu'à 6 mètres de large, les vaseaux jusqu'à 1 mètre 30 centimètres, et l'on mettra deux rangées de plantes au lieu d'une seule.

TOULOUSE. — IMPRIMERIE DE ...